Get Organized!

H0172494

Isabelle Pfister

Get Organized!

Deine Tools für cleveres Selbstmanagement

Campus Verlag
Frankfurt/New York

ISBN 978-3-593-50341-7 Print
ISBN 978-3-593-43350-9 E-Book (PDF)
ISBN 978-3-593-43362-2 E-Book (EPUB)

Umschlaggestaltung: total italic, Thierry Wijnberg, Amsterdam/Berlin
Umschlagmotiv: © Shutterstock
Satz: Campus Verlag GmbH, Frankfurt am Main
Gesetzt aus: Minion und Absolut pro
Druck und Bindung: Beltz Bad Langensalza GmbH
Printed in Germany

www.campus.de

Inhalt

1.

Achterbahnfahrt Arbeitswelt: Beim Einstieg geht es auf und ab

Aller Anfang ist schwer – merkst du das auch gerade? Hast du deinen ersten Job und stellst fest: So viele Aufgaben stürmen auf dich ein, von denen du keine Ahnung hast und die du in acht bis zehn Stunden am Tag erledigen sollst? Bevor du dich jetzt panisch wieder für irgendein Fach an der Uni einschreibst, lass dir gesagt sein: Du bist nicht allein! Was du erlebst, gehört für die meisten zum Berufseinstieg dazu – und manchmal sogar lange darüber hinaus. Dabei muss das gar nicht so sein, wenn man die richtigen Tricks kennt.

Erst mal ist das alles ganz schön aufregend: Der erste Job nach der Uni, das erste richtige Gehalt, der erste eigene Aufgabenbereich. Und das nicht nur für ein kurzes Praktikum, sondern mit einem richtigen Arbeitsvertrag. Darauf hat man sich doch während des Studiums gefreut, oder? Doch nach der ersten Euphorie wird vielen schnell klar: Das ist auch ganz schön kräftezehrend. Nicht nur, dass man so viele neue Dinge lernen und sich merken muss – mit Feiern ist nicht mehr viel, selbst wenn der Feierabend schon um 18 Uhr anfängt. Die Batterien sind einfach irgendwann leer. Doch es gibt Hoffnung am Horizont: Zum Glück kann jeder sein ganz persönlicher Feelgood-Manager werden. Wie das geht, schauen wir uns jetzt mal an.

Übrigens: Auf *www.get-organized.de* findest du Vorlagen für die Übungen in diesem Buch.

Schöne neue Arbeitswelt?!

Angekommen im ersten richtigen Job: Bestimmt stehst du morgens gern früh auf, um motiviert ins Büro zu gehen und endlich das anzuwenden, was du an der Uni gelernt hast. Was, dir geht es nicht so? Du kommst morgens schwer aus dem Bett und hast manchmal einfach keine Lust? Und so richtig sicher fühlst du dich fachlich auch nicht? Dann hast du den Blues …

So wie dir geht es am Anfang vielen: Auf der einen Seite sind sie froh und glücklich, endlich einen festen Job und am Monatsende immer ein Gehalt auf dem Konto zu haben, auf der anderen Seite sind sie überfordert mit den vielen neuen Infos und Aufgaben. Denn schnell wird klar: Im Berufsalltag hört das Lernen noch lange nicht auf!

Ganz anders als an der Uni!

Vielleicht hast du dir das als Student auch so leicht vorgestellt: Man kommt frisch von der Uni und kann das, was man gelernt hat, sofort anwenden. Leider sieht die Realität dann eher so aus: Statt das Gelernte endlich in die Tat umsetzen zu können stellt man fest, dass es in der Praxis ganz anders läuft. Da muss man erst mal mühsam alle Fakten zusammentragen, bevor man ein Problem lösen oder einen Bericht schreiben kann. Prozesse laufen ganz anders ab, als im Lehrbuch beschrieben – weil es für das Unternehmen aus bestimmten Gründen (die man am Anfang natürlich nicht kennt) so besser funktioniert. Vielleicht dauern manche Dinge doppelt so lang, weil man auf Entscheidungen anderer warten muss, die man nicht übergehen kann, weil sie in der Hierarchie über einem stehen. Dazu kommt dann noch wahnsinnig viel Papier- und Orgakram, der eigentlich kaum noch Zeit für inhaltliche Arbeit lässt: Reisekostenabrechnungen, Bestellungen von EDV- und Bürobedarf, Kostenstellen und unzählige E-Mails, in denen man ständig mit dem Vermerk fyi* in cc gesetzt wird. Irgendwann weiß man da einfach nicht mehr, wo einem der Kopf steht, oder? Fragst du dich da auch manchmal, ob du überhaupt was Sinnvolles gelernt hast an der Uni?

*fyi =
for your interest

NINA SCHWARTZ, PERSONALREFERENTIN: »Am Anfang habe ich schnell gemerkt: Hier sind ganz andere Dinge gefragt als an der Uni. Weniger wissenschaftlicher Anspruch, mehr schnelle, pragmatische Lösungen.«

Das ist wohl wahr – aber auf all diese Dinge konnte dich das Studium gar nicht vorbereiten, weil je nach Unternehmen andere Besonderheiten auf dich zukommen. Wenn du also deine Sache gut machen willst, heißt es weiter: lernen, lernen, lernen – on the job und oft auf dich allein gestellt. Schließlich willst du nicht wegen jeder Kleinigkeit die Kollegen nerven. Und das macht die Sache nicht unbedingt leichter.

ANNA DELUWEIT, ARBEITS- UND ORGANISATIONSPSYCHOLOGIN: »Als Berufseinsteiger in einem Unternehmen ist man plötzlich nicht mehr wie im Studium nur für sich selbst und das eigene Fortkommen verantwortlich, sondern man agiert in komplexen Zusammenhängen, in denen man auch für andere Beteiligte mitdenken und planen muss. Das erfordert eine ganz andere Stufe der Koordination. Hier nichts aus den Augen zu verlieren und alle entscheidenden Aspekte zu berücksichtigen war für mich manchmal sehr herausfordernd, und ich habe meine Strategien ein paar Mal hinterfragen und überdenken müssen.«

Achtung: Es menschelt!

Neben den vielen inhaltlichen Aufgaben, die sich stellen, gibt es noch eine ganz andere Herausforderung, nämlich die, sich in das Team einzufügen. Du musst viele Namen lernen und dir die entsprechenden Gesichter dazu merken. Du musst herausfinden, wen du duzen kannst und wen du besser siezt, wo ein lockerer Umgangston angebracht ist und wo eher nicht. Auch wenn es nicht offensichtlich ist: Oft gibt es eine Hierarchie, die du möglichst schnell herausfinden und unbedingt beachten solltest. Dazu brauchst du einiges an Fingerspitzengefühl und Geduld, das ist manchmal gar nicht so leicht. Letztlich lohnt es sich aber, denn schließlich wäre es doch sehr unangenehm, wenn du aus Versehen dem Chef, den du wie alle anderen duzt, die peinliche Story vom letzten Partywochenende auf die Nase bindest.

ANNA DELUWEIT, ARBEITS- UND ORGANISATIONSPSYCHOLOGIN: »Beim Einstieg in den Beruf habe ich vor allem die Kommunikation mit Berufserfahrenen als Herausforderung empfunden. Ich kam gerade aus dem Studium und sollte jetzt gegenüber Leuten meinen Standpunkt vertreten, die schon Jahre in ihrem Beruf gearbeitet hatten und viel mehr praktische Erfahrung hatten. Hier auch innerlich in meine Rolle reinzuwachsen und für mich selbst mehr Sicherheit zu gewinnen war am Anfang schwer.«

Nicht nur fachlich muss es passen: Es ist auch wichtig, ein gutes Verhältnis zu den Kollegen aufzubauen. Zum Wohlfühlfaktor gehören gemeinsame Mittagspausen mit Kollegen, in denen man sich auch mal privat austauschen kann. Aber mit wem verbringt man die Pausen am liebsten? Das herauszufinden dauert oft seine Zeit – und wahrscheinlich investiert man bis dahin die eine oder andere eher anstrengende als erholsame Mittagspause.

Stichwort Kommunikation: Jedes Unternehmen hat seine eigenen Kommunikationswege. Bei den einen läuft vieles noch über die Hauspost, bei anderen (etwas moderneren) werden Infos über das Intranet oder betriebsinterne soziale Netzwerke ausgetauscht. Je schneller du das System durchblickst, desto besser. Und du solltest nicht nur herausfinden, wie du kommunizierst, sondern auch, wen du für bestimmte Dinge kontaktieren solltest. Wenn die Botschaft gleich an den richtigen Ansprechpartner geht, spart das einiges an Zeit und Nerven.

HENRIK ZABOROWSKI, RECRUITINGCOACH: »Beeindruckend finde ich die wahnsinnig hohen Erwartungshaltungen, die Berufseinsteiger haben: sich selbst gegenüber, aber auch im Auftreten nach außen. Viele wollen gerade am Anfang Eindruck schinden, indem sie unnötige Überstunden machen oder gleich einmal das ganze Unternehmen auf den Kopf stellen – weil sie 1000 Ideen haben, wie man es besser machen könnte. Dabei unterschätzen sie aber die informellen Regeln, vom Dresscode bis zum Küchendienst, und landen dadurch in einem Fettnäpfchen nach dem anderen. Besser, man beobachtet erst mal, ohne gleich Position zu beziehen, und findet so heraus, wer welchen Takt angibt.«

Alle wollen was von dir – auch du selbst

KATRIN OBERPRILLER, BERATERIN BEI DER SYNETZ-CHANGE CONSULTING GMBH: »Mir war am Anfang gar nicht klar: Welche Erwartungen haben die anderen eigentlich an mich? Und welchen davon kann und will ich eigentlich gerecht werden – und welchen vielleicht auch nicht?«

Natürlich willst du es gerade am Anfang allen recht machen. Die Chefs sollen sehen, dass sie mit deiner Einstellung die richtige Entscheidung getroffen haben und du fachlich wirklich was auf dem Kasten hast. Den Kollegen, die sich schon lange auf ein neues Teammitglied gefreut haben, willst du Arbeit abnehmen und natürlich alles fristgerecht erledigen. Du hast noch das ganze Wissen aus der Uni parat und vielleicht schon in der ersten Woche Ideen, wie man die Arbeitsprozesse verbessern kann. Klar, damit willst du glänzen – zeigst dann aber unter Umständen mehr Arbeitseinsatz, als eigentlich nötig und angemessen wäre.

VOLKER DAVIDS, YPSILONER COACH UND IMPULSGEBER: »In meinem ersten Job habe ich auch Aufgaben übernommen, die eigentlich nicht in meinem Jobprofil standen – der Arbeitgeber hat das eben von mir erwartet. Für eine Zeit war das auch interessant, etwas Neues zu erlernen, aber irgendwann wollte ich doch wieder näher an meinen eigentlichen Beruf.«

Und gleichzeitig willst du deinen Freunden beweisen, dass du trotz Vollzeitjob immer noch abends mit ihnen ausgehen und Spaß haben kannst. Sei gewarnt: So ein Pensum halten die wenigsten lange aus. Früher oder später müssen die meisten zugeben, dass alles auf einmal nun mal nicht geht. Und dann leidet vor allem eins: das Privatleben. Termindruck und Überforderung im Job führen dazu, dass man es abends nur noch auf die Couch und vor den Fernseher schafft – und damit beginnt oft ein Teufelskreis.

Wenn du an dem Punkt angekommen bist, setzt häufig der Blues ein. Dir kommen Zweifel: War das Studienfach die beste Wahl? Ist der Job der richtige? Will ich nicht eigentlich was ganz anderes machen, mit mehr Freiräumen und ohne große Abhängigkeiten? Sollte ich nicht vielleicht noch mal was ganz anderes studieren oder lernen?

Ja, so ein Berufseinstieg ist nicht immer leicht. Die vielen neuen Menschen, lauter neue Aufgaben, eine unbekannte Unternehmenskultur und im Zweifelsfall auch noch ein neuer Ort – das muss man erst mal verarbeiten. Kein Wunder, dass du da an manchen Tagen morgens erst gar nicht aufstehen und am liebsten den Kopf in den Sand stecken möchtest. Wie es an so einem Tag um die Motivation steht, wird schnell klar: ziemlich schlecht.

TIMM KUHLMANN, TALENT-WERKER: »In meiner ersten Ausbildung zum Koch und auch in der zweiten zum Einzelhandelskaufmann habe ich nicht nur gute Erfahrungen gemacht. Das war teilweise schmerzhaft, aber nicht weniger lehrreich. Mich hat es angespornt, mein Abi nachzuholen und zu studieren, um es irgendwann mal besser zu machen.«

Die gute Nachricht ist: Jeder hat mal mit Motivationstiefs und schlechter Stimmung zu kämpfen, auch wenn er schon Erfahrung im Job hat. Die Kunst ist, sich davon nicht zu sehr runterziehen zu lassen und trotz aller Schwierigkeiten am Ball zu bleiben – aber das lernt man nicht in der Theorie.

An der Uni lernst du eine Sache nicht, die für das Bestehen im Job aber entscheidend ist: dich selbst zu managen. Den vielen Aufgaben kannst du nur gerecht werden, wenn du dich gut organisieren kannst. Und dazu braucht es nicht nur Druck von außen, sondern vor allem eine große Portion Motivation. Motivation kommt vom lateinischen »movere« und bedeutet »sich bewegen«. Um sich zu bewegen braucht es Gründe – Beweggründe oder Motive. Wenn die fehlen, fehlt auch der Antrieb. Aber was sind gute, antreibende Motive?

Finde dein Mission Statement!

In großen Konzernen geht nichts ohne ein Mission Statement. Jede Firma hat übergeordnete Ziele, die über allem stehen und die Richtung vorgeben. Gibt es keine Vision, die verfolgt wird, gibt es auch keine vorgegebene Richtung. Dann wird das Unternehmen relativ schnell im Chaos versinken, weil jeder einen anderen Weg einschlägt.

Das gilt auch für dich: Wenn du nicht weißt, was dein Ziel ist, fällt es dir schwer, dich überhaupt auf den Weg zu machen. Bezogen auf die Arbeit heißt das: Weißt du nicht, wozu eine Aufgabe dient, hast du vermutlich eher wenig Lust darauf, sie zu erledigen.

Kennst du aber Sinn und Zweck dahinter, steigt die Motivation – vor allem, wenn du die Aufgabe selbst auch für wichtig hälst. Das gilt für kleine Tätigkeiten wie die dritte Kontrolle der Monatszahlen (die der Chef dem Aufsichtsrat vorlegen muss und von denen die Bewilligung weiterer Mittel abhängt) ebenso wie für langwierige Arbeiten wie das jahrelange Schreiben einer Doktorarbeit. Das tägliche Handeln fällt leichter, wenn es zielorientiert ist. Die Kunst dabei ist, sich motivierende Ziele zu setzen. Je nachdem, wie sexy die Ziele für dich sind, spornen sie dich mehr oder weniger an. Sie sind dann wie Clubbekanntschaften, die du gern näher kennenlernen möchtest – oder vielleicht auch lieber nicht. Attraktive Ziele motivieren dich und verpassen dir einen regelrechten Energieschub – unattraktive Ziele hingegen wirken eher abstoßend und sorgen ganz bestimmt nicht dafür, dass du montagmorgens gern ins Büro gehst.

Selbstmanagement ist auch Management

So weit, so gut. Aber wie geht das jetzt, dieses Selbstmanagement? Es gibt ein einfaches Modell, an dem wir uns in diesem Buch orientieren: das St. Galler Management-Modell. Im organisationalen Kontext ist es schon etwas überholt, aber für dich und dein eigenes Management ist dieses Modell nach wie vor gut geeignet. Das Modell hat drei Ebenen:

1. Normativ

Auf der normativen Ebene werden Vision, Prinzipien und Philosophie des Unternehmens beschrieben. Das sind die grundlegenden Normen, die das Unternehmen für sich festgelegt hat. Für dich als Individuum ist das deine Lebensvision, also die Vorstellung, die du von deinem Leben hast. Das muss kein fest fixiertes Ziel sein à la »Mit 80 will ich drei Kinder, sieben Enkel, ein Haus an der Ostsee haben und dreimal im Jahr eine

Kreuzfahrt machen« – es gibt viel zu viele Dinge im Leben, die wir gar nicht beeinflussen können (selbst wenn wir wollten). Was jeder aber für sich definieren kann, sind grundlegende, wegweisende Werte, beispielsweise Familie, Reisen und Wohlstand. Egal, was es ist, diese Werte geben dir Orientierung und bilden zusammengenommen deine Lebensphilosophie. Auch im Job hat jeder seine Prinzipien. Ob es einfach nur ums Geldverdienen, den nächsten Schritt auf der Karriereleiter oder um das Gefühl, die Welt ein Stück besser machen zu wollen, geht – jedes dieser Motive setzt dich in Bewegung und gibt dir eine Richtung vor.

2. Strategisch

Mit der Strategie legt das Unternehmen fest, wie es vorgeht, um seine Normen und Visionen zu verfolgen. Häufig gibt es in Unternehmen jährliche Strategiemeetings, in denen die aktuelle Strategie geprüft und, wenn nötig, angepasst wird. Im Selbstmanagement beinhaltet die Strategie die mittelfristigen Ziele, die jeder sich selbst setzt. Von denen hängt ab, welche Rollen man spielt (oder spielen will) und wie man die Prioritäten verteilt. Die Strategie verbindet die Werte mit dem täglichen Handeln. Dem Wert »Familie« entspricht vielleicht die aktuelle Rolle »Freund«, »Freundin« oder »Lebenspartner«. Wenn es um die Beziehungsgestaltung und Familienplanung geht, räumt man dem Zusammensein mit dem Lebenspartner eine höhere Priorität ein als der Gesellschaft eines Mitbewohners oder des Tennispartners. Deine Strategie im Job kann die Planung der Jahresziele sein, die du mit deinem Chef vereinbarst, oder die Ausarbeitung deines aktuellen Jobprofils. Es gibt immer verschiedene Rollen, die du im Job innehast: beispielsweise die des Teamkollegen, aber auch die des Mitarbeiters deines Chefs und des Kundenbetreuers. Je nachdem, welcher Rolle du welche Priorität zuordnest, ergibt sich häufig auch, wie viel Zeit du dir für bestimmte Aufgaben nimmst.

3. Operativ

Auf dieser Ebene sind alle Aktivitäten angesiedelt, die im Tagesgeschäft des Unternehmens wichtig sind, um den Zielen auf den höheren Ebenen gerecht zu werden. Während die Strategie definiert, was die richtigen Dinge sind, geht es hier darum, die Dinge richtig zu tun. Das ist ein kleiner, aber feiner Unterschied.

Für dich bedeutet das, dir im Alltag deine Zeit und Energie so einzuteilen, dass du deinen Rollen gerecht wirst und die mittelfristigen Ziele auch erreichst. Dabei helfen dir Tricks aus dem Zeit- und Stressmanagement, aber auch Kommunikationsskills und eine funktionierende Teamarbeit. Und auch Ordnungstechniken können dich operativ unterstützen – sowohl im Privatleben als auch im Job.

Beispiel Als ein großes Lebensziel hast du dir vorgenommen, mit 75 noch einen Marathon zu laufen. Um das Ziel zu erreichen, solltest du einen gesunden Lebensstil pflegen. Gesundheit und Fitness wären dann Werte, die dir wichtig sind. Mittelfristig nimmst du dir vielleicht vor, jedes Jahr einen Halbmarathon zu laufen oder an verschiedenen Stadtläufen teilzunehmen – das ist dann deine Strategie. Und im Alltag, also auf der operativen Ebene, heißt das: fit bleiben. Du wirst wahrscheinlich wöchentlich zwei bis drei Mal trainieren müssen, um das Ziel »Marathon mit 75« zu erreichen, also einige Stunden in der Woche. Und es wäre zuträglich, dich dabei nicht nur von Fast Food und Cola zu ernähren. Das wiederum heißt, dass du mehr Zeit für Einkauf und Kochen einplanen musst. Du kannst also von der Vision mittel- und kurzfristige Ziele ableiten und daraus auch Rückschlüsse auf dein Zeitmanagement ziehen.

Mein Ziel ist es, dich in der manchmal harten Zeit des Berufseinstiegs zu unterstützen, und zwar, indem du dein eigener Feelgood-Manager wirst. Schließlich hat keiner was davon, wenn du nach drei Monaten keine Lust mehr auf deinen Job hast – am wenigsten du selbst. Damit du also auch nach den ersten aufregenden Wochen (und vielleicht sogar Jahren!) gern morgens aufstehst, wirst du in den folgenden Kapiteln herausfinden, wie du dich selbst managst.

Wie dieses Buch aufgebaut ist

In diesem Buch hangeln wir uns am bereits erwähnten St. Galler Management-Modell entlang. Wir starten mit Grundlagen zur Motivation, erkunden dann deine Vision und entwickeln deine Strategie. Anschließend gibt es jede Menge Ideen und Input, wie du dein Zeitmanagement verbessern und dich auch ordnungstechnisch gut aufstellen kannst. Und dann beschäftigten wir uns noch mit zwei Themen, die genauso zu einem guten Selbstmanagement gehören: Zum einen zeige ich dir, wie Teams ticken und du dich als Neuling gut in ein Team einfügen kannst; zum anderen erkläre ich dir, wie Stress entsteht und wie du deine Stresskompetenz ausbauen kannst.

Immer wieder wirst du im Buch Übungen finden, die dir helfen zu reflektieren und deine persönlichen Selbstmanagement-Strategien zu entwickeln. Vorlagen für diese Übungsblätter findest du auch auf der Website *www.get-organized.de*.

Die Experten, die zu Wort kommen, stelle ich dir im Anhang näher vor. Dort wirst du auch eine Übersicht über alle Übungen und eine Sammlung nützlicher Links, Apps und Buchtipps finden.

Ich hoffe, du hast viel Spaß beim Erarbeiten deines persönlichen Selbstmanagements und bist hinterher wirklich »organized«!

Fazit
Du siehst: Hindernisse, Stolperfallen und Schwierigkeiten gibt es am Anfang viele – aber so geht es den anderen auch. Das Wichtigste ist, jetzt nicht den Kopf in den Sand zu stecken, sondern Herr (oder Frau) der Lage zu werden. Mit den richtigen Managementtools ist das quasi ein Kinderspiel – lerne, dich selbst zu managen!

2.

Love it, change it
or leave it!

Grundlagen der Motivation

Als Neuling im Job muss man ziemlich viel einstecken. Es läuft nicht immer so, wie man sich das vorgestellt hat, und es dauert eine ganze Weile, bis man so richtig angekommen ist im Unternehmen. War man am Anfang noch voller Energie und neuer Ideen, sieht das nach ein paar Wochen schon ganz anders aus. Wenn die Erschöpfung einsetzt, fällt es schwer, am Ball zu bleiben. Dabei ist gerade das die Kunst, auch in schwierigen Zeiten motiviert seine Ziele zu verfolgen.

Viele (auch erfahrenere) Arbeitnehmer jammern über ihre Aufgaben, über ihre Arbeitszeiten, über die doofen Kollegen und den unfähigen Chef. Vielleicht passt der Job nicht zu ihrer Vision. Oder die Bedingungen nicht zu ihren Werten. Trotzdem versuchen die wenigsten, wirklich etwas zu ändern, sondern verharren in der Situation und jammern weiter. In diesem Kapitel wirst du sehen, dass das ein fataler Fehler ist. Denn für die Motivation ist nicht nur entscheidend, dass man sich seinen Zielen nähert, sondern auch, dies mit der richtigen Einstellung zu tun. Du wirst im Folgenden nicht nur deine Werte aufspüren, sondern auch dein Mindset checken – damit du gar nicht erst anfängst zu jammern!

Motive bestimmen die Motivation

Motivation ist die Basis für jedes erfolgreiche Selbstmanagement. Wenn dir die Motivation fehlt, wirst du die tollsten Tools nicht anwenden – weil du gar keine Lust darauf hast. Es geht jetzt darum, herauszufinden, was dich motiviert. Und das geht am besten mit deiner ganz eigenen Vision und mit dem Bewusstsein deiner Werte.

Mit der Frage, wie Motivation entsteht, haben sich schon viele Forscher beschäftigt und unterschiedliche Theorien aufgestellt. Letztendlich kann man es aber so einfach zusammenfassen: Deine Motive bestimmen deine Motivation. Motive beinhalten Werte und Bedürfnisse. Es gibt ganz unterschiedliche Motive, die wiederum ganz unterschiedliche Bedürfnisse befriedigen. Der Psychologe Abraham Maslow hat sie hierarchisch geordnet und in der Bedürfnispyramide beschrieben: Ganz unten stehen physiologische Bedürfnisse, also zum Beispiel die nach Nahrung und Wasser, aber auch nach Sauerstoff und Sex. Ohne die Befriedigung dieser Bedürfnisse wären wir nicht lebensfähig und würden uns nicht fortpflanzen. Auf der nächsten Ebene steht das Bedürfnis nach Sicherheit und Schutz. Ist das nicht erfüllt, fällt es uns schwer, unbeschwert höhere Ziele zu verfolgen. Danach kommt nach Maslow das Bedürfnis nach Zugehörigkeit und Liebe. Menschen wollen in der Gemeinschaft mit anderen leben und geliebt werden. Dann erst kommen die Bedürfnisse nach Selbstwert, Kompetenz und Erfolg, und auf der höchsten Stufe steht das Bedürfnis nach Selbstverwirklichung.

Die Bedürfnispyramide nach Abraham Maslow

Natürlich gibt es individuelle Ausprägungen der unterschiedlichen Bedürfnisse. Generell lässt sich aber sagen: Wenn ein niederes Bedürfnis nicht erfüllt ist, werden die höheren Bedürfnisse relativ unwichtig. Wenn du seit Tagen nichts gegessen hast, ist es dir vermutlich ziemlich egal, ob du von deinem Umfeld Anerkennung erfährst oder nicht. Man kann die Maslow'sche Bedürfnispyramide auch auf die Berufstätigkeit übertragen. Vereinfacht könnte man es so sagen: Wir arbeiten zunächst, um grundlegende Bedürfnisse nach Nahrung und Sicherheit zu stillen. Danach kommen soziale Aspekte zum Tragen – man gehört schließlich durch die Arbeit zu einer Gruppe von Menschen und hat seinen gesellschaftlichen Platz. In dieser Gruppe streben wir nach Anerkennung und Wertschätzung. Wenn auch dieses Bedürfnis erfüllt ist, streben wir nach Weiterentwicklung und Selbstverwirklichung.

Die Frage ist jetzt, wie man die eigene Motivation positiv beeinflussen kann. Die Wert-Erwartungs-Theorien beschreiben, welche Mechanismen in uns wirken, wenn es um die Motivation geht.

Demnach ist Motivation das Produkt von Erwartungen und Werten. Auf der einen Seite geht es um die Erwartung, ein bestimmtes Ergebnis zu erreichen, und auf der anderen Seite um den Wert, den dieses Ergebnis für uns hat.

Beispiel Angenommen, du hättest durch einen günstigen Zufall das Angebot bekommen, am begehrten New York Marathon teilzunehmen. Es sind noch einige Monate bis dahin, Zeit zum Trainieren bliebe theoretisch genug. Für dich ist aber ein über 40 Kilometer langer Lauf durch eine Stadt, die dich überhaupt nicht interessiert (zu laut, zu dreckig, zu voll), die reinste Höllenqual. In diesem Fall wäre die Erwartung, das Ergebnis zu erreichen, gar nicht so schlecht, aber das Ergebnis per se hätte überhaupt keinen Wert. Du bist also kaum motiviert, in den nächsten Monaten fünf Mal pro Woche auf einen Marathon zu trainieren.

Oder umgekehrt: Der Marathon ist schon in zwei Wochen, du hast aber überhaupt keine Kondition. Selbst wenn der Marathon in New York schon immer ein Wunschtraum von dir war, würdest du das Angebot wohl kaum annehmen, weil die Zielerreichung durch die mangelnde Vorbereitungszeit absolut unrealistisch ist. Auch hier wäre deine Motivation also recht gering.

Bist du extrinsisch oder intrinsisch motiviert?

TIMM KUHLMANN, TALENT-WERKER: »Das, was dir Spaß macht, ist das, was dich motivert. Wenn du die Möglichkeit dazu hast, dann mach auf jeden Fall, wofür du brennst!«

Natürlich können auch Dinge wie ein überdurchschnittliches Gehalt oder ein schicker Dienstwagen motivieren – das funktioniert aber meistens nur sehr kurzfristig. Nach ein paar Wochen ist das teure Auto zur Gewohnheit geworden, und wenn das Gehalt ein paarmal auf dem Konto eingegangen ist und man sich die vielen Sachen gekauft hat, von denen man immer geträumt hat, ist auch das kein echter Antrieb mehr, um bei der Arbeit volle Leistung zu zeigen. Die entscheidende Frage ist: Bist du extrinsisch oder intrinsisch motiviert? Extrinsisch würde bedeuten, du arbeitest wirklich nur für das Geld, den Dienstwagen oder vielleicht das Ansehen, das mit deinem Job verbunden ist. Intrinsisch motiviert bist du, wenn deine Motivation von innen, also aus der Begeisterung für die Tätigkeit, kommt.

ANNA DELUWEIT, ARBEITS- UND ORGANISATIONSPSYCHOLOGIN: »Ich war hochgradig intrinsisch motiviert: Als einzige Psychologin im Team wollte ich mich besonders beweisen und mein theoretisches Wissen in der Praxis einbringen.«

Vielleicht arbeitest du als Ingenieur an Solarprojekten und steuerst so deinen Teil dazu bei, erneuerbare Energien zu fördern. Oder du hilfst als Arzt jeden Tag anderen Menschen, weniger Schmerzen zu haben oder von Krankheiten geheilt zu werden. Du gibst Gas in einem Start-up, das du mit einem kleinen Team aufbaust und von dessen Geschäftsidee du absolut überzeugt bist. Oder du recherchierst für deine Doktorarbeit zu einem Thema, das dich schon seit der Schule brennend interessiert. Oder aber dein Job macht dir aus anderen Gründen einfach nur Spaß. Intrinsisch motiviert zu sein bedeutet, etwas um seiner selbst willen gerne zu tun. Überleg doch mal: Was motiviert dich, jeden Morgen aufzustehen und zur Arbeit zu gehen? Tust du das, weil du es musst, um Geld zu verdienen oder von deinem Umfeld nicht mit Missachtung bestraft zu werden? Oder hast du Spaß und Interesse an dem, was du tust?

Gib deinem Tun einen Sinn!

Am einfachsten ist das natürlich, wenn der Job zu den Werten passt, die du vertrittst. Jeder Mensch hat Werte, die ihn leiten. Wenn der Job nicht dazupasst oder sogar im Gegensatz dazu steht, wird die Motivation, in dem Job etwas zu leisten, ziemlich gering sein. Die Tätigkeit ist dann kaum oder gar nicht wertvoll, sondern im wahrsten Sinne des Wortes wertlos. Wenn du zum Beispiel ein Modemuffel bist und shoppen hasst, wirst du wohl kaum in einem Job als Modeberaterin in einer Boutique glücklich werden. Anderes Beispiel: Wenn dir deine Freizeit heilig ist und du am liebsten zu Hause bist statt irgendwo anders auf der Welt, wirst du als Unternehmensberater, der vier Tage pro Woche im Hotel verbringt, nicht sehr zufrieden sein. Das Problem ist: Unsere Werte sind uns oft gar nicht so klar. Um ihnen auf die Spur zu kommen, kann dir die folgende Übung helfen.

Übung: Der Blick in die Glaskugel

Schau mal in die Glaskugel und in die ferne Zukunft: Du beobachtest, wie du mit Familie und Freunden deinen 90. Geburtstag feierst (wir gehen davon aus, dass sie alle – anders als beim *Dinner for One* – noch leben). Eine Person, die du sehr gern hast, hält eine Rede über dein (bisheriges) Leben.

Schreib diese Rede, indem du schreibdenkst. Schreibdenken bedeutet, einfach das niederzuschreiben, was dir gerade in den Sinn kommt – genau so, wie du es denkst. Es geht hier nicht darum, einen super formulierten Text zu produzieren, sondern in kurzer Zeit deine impliziten, unterbewussten Visionen und Gedanken – nur für dich selbst – zu entdecken. Also: Was erzählt diese Person? Welche besonderen Persönlichkeitseigenschaften hebt sie hervor? Welche großen und kleinen Ereignisse berichtet sie?

Für diese Übung solltest du dir ein paar Minuten Zeit nehmen. Ich verspreche dir: Es lohnt sich und legt den Grundstein für dein Selbstmanagement. Wenn du an das St. Galler Management-Modell denkst, bewegst du dich jetzt auf der normativen Ebene und erforschst deine Lebensvision. Die ist sozusagen dein Mission Statement, an dem du dich ausrichtest – und wenn du deine Mission nicht kennst, fehlt dir schnell die Orientierung.

Wertvoll motiviert

Du weißt jetzt, was du an deinem 90. Geburtstag gerne über dich hören möchtest – jetzt geht es daran, die Werte zu identifizieren, die sich in dieser Vision verbergen. Deine Werte geben dir nämlich Aufschluss darüber, was für dich wertvoll und wichtig ist – was dich also motiviert. Es gibt viele verschiedene Werte, die man grob in drei Kategorien einteilen kann:

1. Schöpferische Werte
Das sind die, die du verfolgst, wenn durch deine eigene Tätigkeit etwas (für dich) Wertvolles entsteht. Das kann im Beruf sein, im künstlerischen oder kreativen Bereich, durch eine wissenschaftliche Tätigkeit oder auch durch die Familiengründung – du schaffst etwas, was dich erfüllt.

2. Erlebniswerte
Kennst du das, wenn du einen Sonnenaufgang betrachtest und dabei rundum zufrieden, ruhig und voller Energie bist? Vielleicht geht es dir auch so, wenn du ein Kunstwerk betrachtest, einen bestimmten Song hörst oder wenn du mit einem kleinen Kind spielst – du bist auf die eine oder andere Art innerlich bereichert.

3. Einstellungswerte

Diese Werte bestimmen deinen Blick auf die Welt. Bist du Optimist oder Pessimist? Wie stehst du deinem sogenannten Schicksal gegenüber? Wie gehst du mit Krankheit, Tod oder Trennungen um? Die Einstellungswerte sind vermutlich am schwersten zu beeinflussen, weil unsere Einstellungen schon früh von unserer Umwelt geprägt werden. Aber sie haben, wie du später noch sehen wirst, einen massiven Einfluss auf die Motivation.

Natürlich sind diese drei Kategorien nicht immer ganz klar voneinander zu trennen. Auf der Suche nach deinen eigenen Werten können sie dir aber etwas Orientierung und Struktur geben. Neben diesen genannten Kategorien gibt es natürlich auch noch materielle Werte, die ebenfalls nicht ganz unwesentlich sind im Leben. Selbstverwirklichung ist doch durchaus leichter zu erreichen, wenn man sich keine Gedanken ums Geld machen muss, oder? Übrigens: Es gibt hier kein Richtig und kein Falsch. Es kommt nur darauf an, dass du weißt, wonach du dein Leben ausrichtest. Und ob das Reichtum ist, um dreimal im Monat shoppen zu gehen, oder soziales Engagement für ausgesetzte Tiere, ist allein deine Entscheidung.

Also, was ist dir wichtig? Was sind deine Werte, die du bis zu deinem 90. Geburtstag (und noch länger) verfolgen willst? In der folgenden Liste findest du ein paar Vorschläge.

Übung: Meine Werte

Familie	Freiheit
Erfolg	Glück
Wohlstand	Finanzielle Unabhängigkeit
Macht	Soziales Engagement
Kunst	Hilfsbereitschaft
Liebe	Kreativität
Freundschaft	Musik
Anerkennung	Freizeit
Gesundheit	Intellekt
Fitness	Neugierde
Erholung	Reisen
Religion	_____
Philosophie	_____
Selbstverwirklichung	_____
Verantwortung	_____
Gerechtigkeit	_____

Vielleicht findest du in der Liste alle Dinge, die dir wichtig sind – vielleicht sind es noch ganz andere. Wenn du deine Werte gefunden hast, hast du schon eine ganze Menge für dein Selbstmanagement gewonnen, nämlich das Bewusstsein deiner grundlegenden Prinzipien. Wenn du weißt, was für dich wertvoll ist, ist es im Alltag leichter, die Prioritäten zu setzen und motiviert zu sein. Das kann viel Zeit und Nerven sparen. Allerdings spielen deine Einstellungen dabei eine nicht ganz unwesentliche Rolle …

Ohne die richtige Einstellung wird's schwer

Du weißt jetzt, was dir wichtig ist – jetzt nehmen wir mal deinen Blick auf die Welt und dein Mindset unter die Lupe. Man könnte sagen, deine Einstellungen sind wie Benzin. Du kannst es anreichern, und dein Auto läuft noch besser. Wenn du aber das Falsche tankst, funktioniert gar nichts mehr, und du bleibst früher oder später liegen. Wie du das vermeidest, zeigt dir dieses Kapitel.

Klar, wenn man für eine Sache brennt, ist man bereit, viel dafür zu leisten – zumindest in der Theorie. Jeder kennt aber diesen fiesen inneren Schweinehund, der einen immer wieder davon abhält, Sport zu treiben, die Oma anzurufen oder die Ablage bei der Arbeit zu strukturieren. Auch wenn all diese Dinge (Fitness, Familie und Ordnung) uns wichtig sind, sind wir manchmal einfach zu faul, etwas für sie zu tun. Aber statt das dann hinzunehmen und ohne schlechtes Gewissen auf den nächsten Tag zu verschieben, rumort es die ganze Zeit in uns: Wir sollten aber wirklich mal wieder ins Fitnessstudio gehen – wozu zahlen wir denn schließlich jeden Monat so viel Geld?? Oma hat schon dreimal auf die Mailbox gesprochen – wir sind echt unmögliche Enkel, die sich nicht kümmern! Und diese Unordnung auf dem Schreibtisch treibt uns noch in den Wahnsinn, morgen finden wir bestimmt wieder nicht, wonach der Chef fragt … Kommt dir das bekannt vor, diese ewige Nörgelei an dir selbst? Fehlt dir die nötige Disziplin, die Sachen einfach anzugehen? Fühlst du dich hilf- und machtlos gegenüber deinem Schweinehund, als wärst du ihm ausgeliefert?

Befrei dich von dem Nagel im Kopf!

Auf YouTube kannst du den Clip »It's not about the nail« angucken. Darin sieht man eine Frau und einen Mann auf dem Sofa. Sie jammert: Seit Tagen habe sie Schmerzen, einen unerbittlichen

Druck im Kopf. Sie könne nicht mehr gut schlafen und sie habe fürchterliche Angst, dass das nie wieder aufhört. Der Mann, wahrscheinlich ihr Freund oder Ehemann, hat die Lösung, die der Kameraschwenk jetzt zeigt: Sie hat einen Nagel im Kopf! Wenn sie den entfernten, würde es sicherlich besser werden, sagt er. Daraufhin wird sie richtig wütend: Es gehe nicht um den Nagel im Kopf und er solle aufhören, ihre Probleme lösen zu wollen! Sie ist felsenfest davon überzeugt, dass es für sie keine Lösung gibt.

Genauso ist es manchmal auch mit dem Schweinehund, unter dem wir so leiden. Dann beklagen wir uns darüber, dass wir einfach nicht die nötige Disziplin haben, wir wissen, wir müssten endlich mal und sollten schon lange … Dabei sind wir die Einzigen, die das ändern können. Und meistens ist es wirklich so einfach wie mit dem Nagel im Kopf, den man nur rausziehen muss: Wir müssten es einfach nur tun. Die Laufschuhe anziehen, zum Telefon greifen, eine Viertelstunde zum Aufräumen investieren. Mehr ist es nicht.

Trotzdem: Du wirst das Gefühl nicht los, dafür nicht diszipliniert genug zu sein? Dann fehlt dir vielleicht die richtige *Kontrollüberzeugung*. Kontrollüberzeugungen beschreiben, wie wir unsere Erlebnisse und unseren Einfluss auf sie bewerten. Haben wir *externale* Kontrollüberzeugungen, glauben wir, dass wir kaum Einfluss haben auf das, was uns passiert. Wir meinen, wir sind unserem Schicksal ausgeliefert und können nichts dagegen tun. Sind unsere Kontrollüberzeugungen *internal*, liegt die Kontrolle bei uns selbst. Wir haben dann die Überzeugung, dass wir unser Leben selbst steuern können, und glauben kaum an ein Schicksal – schließlich haben wir es selbst in der Hand! Im folgenden Test kannst du herausfinden, wie das bei dir aussieht.

Test: Wer hat bei dir die Kontrolle?

1. Du hast deinen ersten Job – woran liegt das?

   a Es gab kaum andere qualifizierte Bewerber.

   b Ich habe das Unternehmen durch meine Persönlichkeit
      und meine bisherigen Leistungen von mir überzeugt.

2. Einer deiner neuen Kollegen unterstützt dich, wo er kann.
   Er hat dir alles erklärt, dich allen vorgestellt und fragt jeden
   Mittag, ob du mit ihm und anderen Kollegen in die Kantine
   kommst. Er macht das, weil ...

   a ... er mich einfach nett findet und will, dass ich mich
      wohlfühle.

   b ... der Chef ihm gesagt hat, dass er sich um mich kümmern
      soll.

3. Für deinen neuen Job musstest du umziehen. Obwohl
   deine neue Heimatstadt bekannt ist für ihren chaotischen
   Wohnungsmarkt, hast du in kurzer Zeit eine tolle Wohnung
   gefunden – warum?

   a Gerade weil es in dieser Stadt so schwierig ist, habe
      ich mich gut vorbereitet und zur Besichtigung schon alle
      nötigen Unterlagen dabeigehabt.

   b Das war wohl einfach Glück. Außerdem lag der Besichti-
      gungstermin für viele Interessierte ungünstig, nehme ich an.

4. Die Uni hast du mit einer soliden Note abgeschlossen und
   gehörst damit zu den besten 25 Prozent deines Jahrgangs.
   Wie erklärst du dir das?

   a Meine Uni ist bekannt dafür, dass die Profs sehr gute Noten
      verteilen und dazu auch noch leichte Klausuren stellen –
      an einer anderen Uni wäre ich sicher nicht so gut gewesen.

   b Na wie wohl? Ich hab die letzten drei Semester quasi in
      der Bibliothek gewohnt und gelernt, gelernt, gelernt!

5. Abends in der Bar: Du wirst auf einen Drink eingeladen von jemandem, den du schon seit zwei Stunden ins Auge gefasst hast. Was glaubst du, woran liegt's?

a Ich bin ja auch nicht von schlechten Eltern – er/sie findet mich genauso interessant!

b Tja, die Auswahl ist hier auch nicht berauschend ... wahrscheinlich bin ich zufällig zur richtigen Zeit am richtigen Ort – und jemand anders nicht.

Auswertung: Du hast 1a, 2b, 3b, 4a, 5b angekreuzt? Dann glaubst du wohl kaum, dass du selbst irgendwas steuerst. Für dich liegen die meisten Dinge außerhalb deiner Macht. Ganz anders sieht es aus, wenn du 1b, 2a, 3a, 4b und 5a zustimmst – dann hast du die Überzeugung, dass du selbst die Kontrolle hast.

Kontrolle ist besser!

Wie du dir schon denken kannst: Eine internale Kontrollüberzeugung ist besser als eine externale – für deine Leistungen, deine Gesundheit und dein Wohlbefinden. Studien belegen: Menschen mit internaler Kontrollüberzeugung haben bessere Schulleistungen, leben gesünder, sind seltener depressiv, können besser mit Stress umgehen und sagen häufiger von sich selbst, glücklich zu sein. Die Frau mit dem Nagel im Kopf ist im Gegensatz dazu passiv, hoffnungslos und hat resigniert – das nennt man auch »erlernte Hilflosigkeit«. Glücklich ist sie ganz offensichtlich nicht.

Forscher bestätigen: Für das Wohlbefinden ist das Gefühl von Kontrolle und persönlicher Einflussnahme enorm wichtig. Der Kulturschock, den du vielleicht aus Reisen in ferne Länder kennst und der dich auch beim Berufseinstieg treffen kann (schließlich hat jedes Unternehmen seine ganz eigene Kultur), hängt nicht zuletzt damit zusammen, dass man die anderen Menschen noch nicht einschätzen kann. Man weiß nicht, wie sie reagieren, dementsprechend hat man weniger Kontrolle über den Output des eigenen Handelns.

NINA SCHWARTZ, PERSONALREFERENTIN: »Die meisten Berufseinsteiger sind am Anfang hoch motiviert, sehr gewissenhaft und mit Leidenschaft dabei. In den neuen und unbekannten Strukturen sind sie aber häufig auch mal überfordert, schießen am Ziel vorbei und werden so frustriert.«

In einer neuen Umgebung ist es also gut, erst mal zu beobachten, um die Spielregeln besser kennenzulernen. Wenn man erst mal begriffen hat, wie es läuft, ist es leichter, mitzuspielen und auch mal die Kontrolle zu übernehmen.

JULIA HENKER, HR MANAGER: »Die jungen Mitarbeiter, die sich aktiv Hilfe suchen und die Initiative ergreifen, wenn sie nicht weiterkommen, sind viel erfolgreicher als die, die sich darauf ausruhen, etwas nicht zu können. Es macht keinen guten Eindruck und dich selbst auch nicht glücklich, wenn du keine Bereitschaft zeigst, was dazuzulernen.«

Angst, was zu verpassen?

Kontrollüberzeugung hin oder her, manchmal ist es gar nicht so einfach, die Kontrolle zu haben. Das Phänomen dazu heißt: FOMO*. Das ist die Angst, eine falsche Entscheidung getroffen zu haben, etwas anderes zu verpassen. Es gibt mittlerweile allein in Deutschland über 8000 Studiengänge. Dazu kommt die Möglichkeit, im Ausland zu studieren. Oder gar nicht zu studieren und eine von mehr als 300 Ausbildungen zu machen. Der Gedanke, vielleicht falsch abgebo-

*FOMO = fear of missing out

gen zu sein, wenn eine Entscheidung mal getroffen ist, muss da zwangsläufig aufkommen. Vor allem, wenn es am Anfang nicht so gut läuft. Irgendwie doch paradox: Erst lähmt uns das Übermaß an Freiheit und Wahlmöglichkeiten, und wenn wir uns dann entschieden haben, lähmt uns das Gefühl, gefangen zu sein und nicht mehr rauszukommen.

Zum Glück ist es auch in Deutschland nicht mehr so, dass Unternehmen nur auf die Geradlinigkeit des Lebenslaufs gucken – es ist also erlaubt, sich noch mal anders zu entscheiden. Auch mit dem Berufseinstieg behältst du also die Kontrolle. Das ist doch beruhigend, oder?

JULIA HENKER, HR MANAGER: »Auch viel auszuprobieren und unterschiedliche Unternehmen, Branchen und Strukturen kennenzulernen kann ein Ziel sein. In unserer Branche ist das jedenfalls kein Problem mehr, wenn sich jemand mit dem entsprechenden Lebenslauf bewirbt.«

50 Prozent Luft oder 50 Prozent Wasser?

Ist das Glas für dich halb voll oder halb leer? Siehst du eher die Vorteile einer Situation? Oder nimmst du vor allem deren negative Aspekte wahr? Ob du optimistisch oder pessimistisch durch die Welt gehst, beeinflusst ganz enorm deine Motivation, Dinge durchzuziehen. Je nachdem, ob du optimistisch oder pessimistisch bist, analysierst du Situationen und Ergebnisse selbstwertdienlich oder -schädlich. Das hängt davon ab, welchen Attributionsstil* du hast. Ist er negativ (also selbstwertschädlich), wirst du Misserfolg deiner mangelnden Kompetenz zuschreiben und Erfolg als glücklichen Zufall bewerten. Ist er positiv (also selbstwertdienlich), machst du für Misserfolge die äußeren Umstände verantwortlich oder hast vielleicht einfach nur Pech gehabt; wenn's gut läuft, liegt das aber

*Attributionsstil = die Art, wie man sich Ursachen für Ereignisse erklärt

vor allem an der guten Leistung, die du erbracht hast. Einfach gesagt: Optimisten schreiben Erfolge sich selbst zu und schieben Misserfolge auf andere beziehungsweise auf die Umstände. Pessimisten hingegen glauben nicht, dass sie selbst etwas Gutes hervorbringen können, sondern sehen immer nur ihre Schwächen.

NINA SCHWARTZ, PERSONALREFERENTIN: »Verlier bei Misserfolgen bloß nicht den Mut! Sie gehören dazu und lassen dich wachsen! Wichtig ist auch, sie nicht zu persönlich zu nehmen, sondern immer an den äußeren Umständen zu relativieren. Hilfreich kann es auch sein, sich eine Art Buddy zu suchen – eine Vertrauensperson, die man auch mal informell um Hilfe bitten kann.«

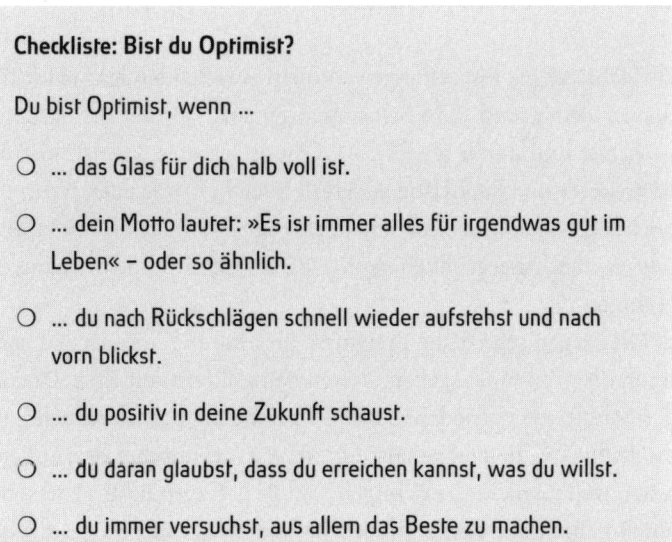

Checkliste: Bist du Optimist?

Du bist Optimist, wenn …

○ … das Glas für dich halb voll ist.

○ … dein Motto lautet: »Es ist immer alles für irgendwas gut im Leben« – oder so ähnlich.

○ … du nach Rückschlägen schnell wieder aufstehst und nach vorn blickst.

○ … du positiv in deine Zukunft schaust.

○ … du daran glaubst, dass du erreichen kannst, was du willst.

○ … du immer versuchst, aus allem das Beste zu machen.

Wie vielen Aussagen konntest du zustimmen? Wenn es weniger als drei waren, solltest du wirklich versuchen, an deiner optimistischen Grundhaltung zu arbeiten. Studien haben nämlich ergeben, dass Optimisten nicht nur im Job erfolgreicher sind, sondern auch gesünder und länger leben und dabei glücklicher sind.

Es ist also ähnlich wie bei den Kontrollüberzeugungen: Wenn du an dich und deine Fähigkeiten glaubst, wird sich das früher oder später auch auszahlen. Das nennt man dann auch selbsterfüllende Prophezeiungen.

Allerdings: Zu viel Optimismus ist auch nicht empfehlenswert. Dann verlierst du nämlich den Blick für die Realität und wirst selbstgefällig – und selbstverliebte Strahlemänner, die nichts mehr mitkriegen, sind nicht wirklich hoch im Kurs. Dein Ziel sollte sein, eine ordentliche Portion Optimismus zu haben, ohne unrealistisch zu werden.

So änderst du dein Mindset

Du siehst, deine Einstellungen sind ein entscheidender Faktor für deinen Erfolg und dein Selbstmanagement – wenn du optimistisch bist und daran glaubst, dass du es schaffen kannst, bist du motivierter und langfristig auch erfolgreicher. Was aber, wenn du noch nicht so optimistisch und überzeugt von dir selbst bist? Dann hilft es, mal zu ergründen, woher diese negativen Schwingungen kommen.

Oft prägen sehr frühe Ereignisse die Haltung, mit der wir später in die Welt hinausgehen. Waren deine Eltern mit einer Drei in der Schule nie zufrieden? Haben Mitschüler dich ausgelacht, als du dein erstes Referat gehalten hast? Warst du immer der Außenseiter, weil du nicht die richtigen Schuhe getragen hast? Hattest du einen Lehrer, der ungerecht benotet hat? Oder bist du beim Völkerball immer als Letzter ins Team gewählt worden? Solche frühen negativen Erlebnisse führen oft dazu, dass man bestimmte Aussagen über sich selbst verinnerlicht. Das kann dann so was sein wie »Meine Leistung reicht nicht aus – ich bin nicht gut genug«, »Ich bin uncool, mit mir will keiner was zu tun haben«, »Ich kann keine guten Noten erreichen« oder »Mit mir kann man nicht gewinnen«. Wenn man das in sein Selbstbild übernimmt, prägt das natürlich auch im Erwachsenenalter den Blick auf die Welt. Und manchmal können solche Aussagen zu Nägeln im Kopf werden wie bei der Frau im YouTube-Video.

Es ist nicht ganz leicht, seine Einstellungen zu ändern – aber auch nicht unmöglich. Zunächst kannst du ergründen, ob du tatsächlich solche Sätze verinnerlicht hast und dich negative Erfahrungen aus der Kindheit immer noch beeinflussen. Wenn das so ist, sammle Gegenbeispiele und mach dir bewusst, dass es jetzt anders ist. Mittlerweile sind deine Eltern stolz auf dich, du hast viele Freunde, spielst in einem erfolgreichen Fußball-Amateur-Club und hast im Studium mit guten Noten geglänzt? Dann ändere deine Gedanken dementsprechend. Um optimistischer zu werden, reicht es oft schon, den Fokus mal für ein paar Tage auf alles Positive und Schöne im Leben zu richten. Es ist tatsächlich so, wie allgemein gerne behauptet wird: Man sieht, was man sehen will. Und wenn man sich entscheidet, das Gute zu sehen, dann gelingt das auch.

Natürlich kann man nicht von heute auf morgen alle seine Einstellungen ändern, schließlich hat man sein ganzes bisheriges Leben mit ihnen verbracht. Aber es lohnt sich, ein bisschen Mühe zu investieren und daran zu arbeiten. Oder willst du nicht glücklicher, gesünder und erfolgreicher werden? Es liegt an dir, ob du mit einem Nagel im Kopf leben willst oder nicht.

Fazit
Die normative Ebene des Management-Modells hast du jetzt für dich erkundet. Du weißt jetzt, was für dich wichtig und wertvoll ist und welche Vision du verfolgst. Wenn du dann noch optimistisch und überzeugt von deiner eigenen Leistung bist, ist alles Weitere ein Kinderspiel für dich.

3.

Von der Vision zur Strategie:

Mit klaren Zielen
Kurs aufnehmen

Alle wollen eine gesunde Work-Life-Balance: Zu einem glücklichen Leben gehört die einfach dazu. Dass das für jeden aber etwas anderes bedeutet, liegt nicht zuletzt daran, dass wir unterschiedliche Ziele haben und dementsprechend auch andere Prioritäten setzen (sollten). Wie du deine persönliche Work-Life-Balance findest, erfährst du hier. Aber Achtung: Ohne konkrete Ziele und bewusste Entscheidungen geht es nicht, und das bedeutet Arbeit!

Bevor wir ganz konkret über Zeitmanagement sprechen, musst du noch einen wichtigen Zwischenschritt machen und die folgenden Fragen beantworten: Welche Zwischenziele hast du mittelfristig, damit du dann an deinem 90. Geburtstag da stehst, wo du stehen willst? Wie kannst du deine Ziele so formulieren, dass sie wirklich sexy sind? Welche Stakeholder gibt es in deinem Leben – und welchen willst du deine Zeit und deine Energie schenken? In diesem Kapitel findest du Übungen, die dir dabei helfen, Antworten zu finden und Entscheidungen zu treffen. Beispiele veranschaulichen dir, welche konkreten Ziele sich aus Visionen ergeben können – damit aus der Theorie schnell Praxis wird!

Jetzt geht's ans Eingemachte: Finde deine Strategie!

Im letzten Kapitel hast du deine Werte gefunden und deine Vision entwickelt. Du weißt, wo du an deinem 90. Geburtstag stehen möchtest. Jetzt geht es daran, aus diesen Erkenntnissen deine Strategie abzuleiten, die dir hilft, dein Leben so zu gestalten, dass es für dich wertvoll ist. Du hast es in der Hand!

Unternehmen legen für sich auf der strategischen Ebene fest, wie sie vorgehen wollen, um ihre Unternehmensziele zu erreichen und ihre Vision zu verfolgen. In regelmäßigen Meetings kommen die Manager zusammen, um ihre Strategie zu besprechen. Passt die Strategie zur Vision? Wird sie operativ erfolgreich umgesetzt? Wie ist die Akzeptanz in der Belegschaft? Häufig müssen Strategien angepasst werden, weil der Markt sich verändert. Manchmal werden aber auch ganz neue Strategien entwickelt und die alten über Bord geworfen. Strategien sind wichtig, um sicherzustellen, dass alle Tätigkeiten im Unternehmen auf die Vision einzahlen. Ziele, die allen bekannt sind, geben Orientierung und Sicherheit im täglichen Doing. Je mehr Mitarbeiter es gibt, desto wichtiger ist natürlich auch die Strategie: Sonst arbeiten alle so, wie sie es für richtig halten, und laufen damit im Zweifelsfall in völlig unterschiedliche Richtungen.

Auch für dich und dein Selbstmanagement gilt: Wenn du keine konkreten Ziele hast, wird es schwer, deine Vision zu verfolgen. Klar, Ziele können sich immer wieder verändern, und ob du beispielsweise in 7,5 Jahren Partner in einer Großkanzlei bist, hängt auch davon ab, ob du das entsprechende Angebot erhältst – aber hier und da eine Strategie zu haben, die dir eine grobe Richtung vorgibt, ist nicht verkehrt.

NINA SCHWARTZ, PERSONALREFERENTIN: »Überleg dir langfristige Ziele, daraus schöpfst du die beste Motivation. Denk auch immer wieder mal darüber nach, ob der aktuelle Weg zu diesen Zielen führt. Wenn du zum Beispiel Karriere machen willst, ist es vielleicht gut, auch mal im Ausland zu arbeiten – statt immer nur vor Ort auf die nächste Karrierestufe zu warten.«

Übrigens gilt das nicht nur für den Job, sondern auch für dein Privatleben. Um ein glückliches, selbstbestimmtes Leben zu führen, brauchst du Ziele, die du verfolgst. Und damit diese Ziele auch attraktiv sind, sollten sie deinen Werten entsprechen. Doch wie findest du diese Ziele?

Übung: Werte mit Zielen verknüpfen

Diese Übung hilft dir, deine Werte mit Zielen zu verknüpfen: Übertrage aus dem letzten Kapitel deine Werte und den jeweiligen Status quo, den du dir für deinen 90. Geburtstag wünschst. Dann überlege dir, was du aktuell für diesen Wert tust und welches das von heute aus betrachtet nächste Ziel ist, das du damit verbindest. Wenn dir das schwerfällt: Geh rückwärts vor, also von deinem 90. Geburtstag bis zum 80., vom 80. bis zum 70., vom 70. bis zum 60. ... bis du im Heute ankommst.

Das ist dir wichtig, das ist dein Wert:	Da stehst du an deinem 90. Geburtstag:	So wirst du dem Wert aktuell gerecht:	Und das ist das nächste Ziel, das mit dem Wert verbunden ist:	Zeitpunkt des nächsten Ziels:

Damit du siehst, wie so eine Strategie aussehen kann, sind hier ein paar Beispiele (keine Sorge, den Feinschliff machen wir später):

Kai ist es wichtig, Karriere zu machen. Für ihn heißt das, dass ihn an seinem 90. Geburtstag ein ehemaliger Mitarbeiter als Topmanager und Chef lobt; außerdem hat seine alte Firma ihm auch mit einer Anzeige in der Zeitung gratuliert. Aktuell macht Kai ein Traineeprogramm bei einer großen Unternehmensberatung, wo er unterschiedliche Positionen durchläuft, unterschiedliche Firmen von innen kennenlernt und von den Erfahrungen seiner älteren Kollegen profitiert. Das nächste Ziel, das er erreichen möchte, ist eine Führungsposition – und zwar in zwei Jahren, direkt nach dem Traineeprogramm.

Wilma möchte einmal wohlhabend sein. Sie träumt von mehreren Immobilien, die sie im Alter von 90 Jahren besitzt und die ihr den Lebensabend dank Mieteinnahmen verschönern. Im Moment studiert sie noch Kunst – sie will als freie Künstlerin ihren Lebensunterhalt verdienen.

Fred will auch mit 90 noch fit sein. Er findet nichts abscheulicher als die Vorstellung, irgendwann nur noch mit einem Rollator mobil zu sein. An seinem 90. Geburtstag hat er auf jeden Fall vor, zu tanzen – und zwar nicht einen Schunkelwalzer, sondern Salsa. Aktuell ist er körperlich gut drauf, zu seinem Glück hat er die guten Gene seines Vaters geerbt. Bei seinem Vater haben die Gene aber jenseits der 30 ihre Wirkung verloren, deswegen will Fred proaktiv sein und hat sich für einen Halbmarathon in sechs Monaten angemeldet.

Silke ist als Umweltingenieurin gut ausgebildet. Ihr erster Job als Projektentwicklerin bei einem Energieversorger macht ihr Spaß und ist ganz gut bezahlt. Eigentlich träumt Silke aber davon, sich selbst zu verwirklichen und ihre eigene Firma aufzumachen: Sie will kleine und mittelständische Unternehmen mit Solaranlagen ausstatten. An ihrem 90. Geburtstag soll ihr Nachfolger eine Rede halten, der ihre erfolgreiche Firma einige Jahre zuvor von ihr übernommen hat. Als Nächstes will Silke genügend Startkapital ansparen, um eine GmbH zu gründen.

Für **Finn** sind seine Freunde das Wichtigste überhaupt. Er kennt sie schon seit der Grundschule und hat sie bis jetzt auch mindestens einmal pro Woche gesehen. Weil sie alle in der gleichen Stadt studiert haben, war das kein Problem. Für seinen ersten Job wird Finn jetzt aber umziehen. Da er seinen 90. Geburtstag unbedingt mit seinen Jungs feiern will, will er aber auch in Zukunft den Kontakt zu ihnen halten – irgendwie kriegen sie das schon hin.

Du siehst, es gibt Strategien für berufliche und private Ziele. Falls es dir sehr technisch vorkommt, für das Privatleben Ziele zu formulieren, mach es trotzdem: Es hilft dir, auch in stressigen Zeiten im Job deine Vision nicht aus den Augen zu verlieren. Und es ist absolut sinnvoll, wenn es darum geht, deine Zeit zu managen und den Alltag gut zu organisieren.

VOLKER DAVIDS, PERSONALER, COACH & IMPULSGEBER: »Am Anfang des Jahres setze ich mich immer hin und überlege: Welche Ziele habe ich für das kommende Jahr? Was will ich erreichen? Wie kann ich messen, ob ich das Ziel erreicht habe? Was im ersten Moment vielleicht etwas spießig klingt, bringt's aber echt: In den letzten Jahren habe ich meine Vorsätze auch umgesetzt.«

Exkurs: Wie sieht's aus mit der Work-Life-Balance?

Fragst du dich gerade, wie du mit all diesen Zielen jemals eine Work-Life-Balance hinkriegen sollst? Ich sage dir: Vergiss das Konzept der Balance. Das funktioniert schon lange nicht mehr, weil die Arbeit in den meisten Fällen längst auch ins Privatleben hineinragt (und ein Teil davon ist). Kaum noch jemand kann doch von sich behaupten, dass die Arbeit tatsächlich am Arbeitsplatz bleibt – mit Smartphones ist man immer und überall erreichbar, auch per Mail und nach Feierabend. Nun ist das nicht per se schlecht und manchmal sogar ziemlich praktisch – wenn man nicht am Konzept der Balance festhält und die Bereiche Work und Life trennen will. Das funktioniert so nämlich in den meisten Jobs nicht mehr, und die Waage hängt ganz schnell weiter unten auf der Work-Seite.

BIRGIT BERNDT, DIPLOM-PSYCHOLOGIN: »Die Übergänge von Arbeit zu Freizeit werden immer fließender. Das ist allerdings nur dann unbedenklich, wenn der Beruf idealerweise der Berufung entspricht.«

Dann ist es besser, von einer Work-Life-Integration zu sprechen und davon auszugehen, dass beide Bereiche sich ergänzen: Dann könnte man auch mal vor Feierabend mit Freunden telefonieren oder tagsüber Sport treiben und abends noch mal zwei Stunden arbeiten. Das ist doch irgendwie lebensnäher und würde vielleicht auch ermöglichen, neben dem Job private Ziele zu verfolgen, oder? Wenn dein Arbeitgeber also mitspielt und dir eine flexible Planung des Arbeitstages ermöglicht, verabschiede dich von der Work-Life-Balance und versuche, beide Bereiche so gut es geht miteinander zu verbinden. Der Trick ist, ähnlich wie beim Jonglieren, alle Bälle in der Luft zu halten und langfristig keinen fallen zu lassen. Dabei kannst du manche zeitweise höher werfen und andere öfter berühren – da ist durchaus Dynamik drin!

SMART und sexy: So werden Ziele anziehend

Du hast jetzt wertvolle Ziele formuliert und bist damit deiner Strategie schon ein ganzes Stück nähergekommen. Damit deine Ziele nicht nur schöne Worte bleiben, sondern dich im wahrsten Sinne des Wortes anziehen, gibt es einen Trick: Formuliere sie SMART.

Wie wichtig die Zielformulierung ist, hat die US-amerikanische Psychologin Dr. Gail Matthews in einer Studie mit Studenten nachgewiesen. In unterschiedlichen Gruppen wurden die Studenten angewiesen, über ihre Ziele nachzudenken (erste Gruppe), diese aufzuschreiben (zweite Gruppe), zusätzlich zum Aufschreiben noch Aktionsschritte zu überlegen (dritte Gruppe), Aktionsschritte und Ziele einem Freund mitzuteilen (vierte Gruppe) und wöchentlich darüber zu berichten, was sie im Hinblick auf ihr Ziel erreicht hatten (fünfte Gruppe). Was glaubst du, welche war die erfolgreichste Gruppe? Genau, die letzte. Die, die das Ziel niedergeschrieben, sich Aktionsschritte überlegt und mit anderen über ihren Fortschritt gesprochen hatten, erreichten ihre Ziele deutlich häufiger als die, die nur über ihre Ziele nachgedacht hatten.

JULIA HENKER, HR MANAGER: »Mir helfen Ziele, an Dingen dranzubleiben – selbst wenn sie keinen Spaß machen. Wenn ich weiß wofür, ist es viel einfacher, auch schwierige Zeiten durchzustehen und auszuhalten.«

Du hast deine Ziele schon schriftlich festgehalten. Mit dem *SMART-Prinzip* kannst du sie noch effektiver formulieren – und das geht so:

- **Spezifisch**
  Mach dein Ziel so konkret wie möglich! Überlege dir ganz genau, was es heißt, dieses Ziel zu erreichen – das erleichtert dir den Weg dorthin enorm. Wenn du nicht weißt, wie genau das Ziel aussieht, weißt du auch nicht, wie du es erreichen kannst.

- **Messbar**

  Dein Ziel sollte in irgendeiner Form messbar sein. Wie merkst du, dass du das Ziel erreicht hast? Um den Weg zum Ziel zu gestalten, musst du überprüfen können, wie nah du ihm schon bist. Am besten geht das mit konkreten Zahlen, wie du in den Beispielen gleich sehen wirst.

- **Anziehend**

  Natürlich sollte das Ziel, das du dir setzt, stimmig sein mit deinen Werten. Sonst wirst du kaum motiviert sein, irgendwas für dieses Ziel zu tun. Besonders gut sichtbar wird das an Zielen, die du von anderen übernimmst. Deine Eltern wollten, dass du Medizin oder Jura studierst, was »Ordentliches« eben? Und du warst eigentlich immer mehr an Geisteswissenschaften interessiert? Wahrscheinlich war deine Motivation für das Medizin- oder Jurastudium nicht groß, selbst wenn du dich drauf eingelassen hast, oder? Dein Ziel sollte immer *dein eigenes Ziel* sein!

- **Realistisch**

  Wichtig ist auch, dass du dein Ziel aus eigener Kraft erreichen kannst. Denk noch mal an die Kontrollüberzeugungen, die du im letzten Kapitel kennengelernt hast: Das Gefühl, etwas unter Kontrolle zu haben, ist ganz entscheidend für Motivation, Zufriedenheit und Erfolg. Natürlich kannst du dir vornehmen, im Lotto zu gewinnen – aber mehr Einfluss, als den Lottoschein auszufüllen, hast du darauf nicht. Das Erreichen deines Ziels sollte nur von einer Person abhängen, nämlich von dir.

- **Terminiert**

  Bis wann willst du das Ziel erreicht haben? Indem du dir das überlegst, legst du gleichzeitig den Grundstein für die nächsten Schritte. Denn um den selbst gesetzten Termin einzuhalten, wirst du früher oder später aktiv werden müssen – das baut den nötigen Druck auf und bringt dich zum Handeln.

Ziele mit dem SMART-Prinzip zu formulieren verlangt von dir viel Vorstellungskraft – aber genau darum geht es. Je genauer du dir ausmalst, wie es sein wird, wenn du das Ziel erreicht hast, desto leichter fällt dir nicht nur die Formulierung, sondern auch der Weg zum Ziel. Aber eins nach dem anderen: Erst mal checken wir, welche Kriterien deine Ziele schon erfüllen:

Übung: Sind deine Ziele SMART?

Hier kannst du deine mittelfristigen Ziele eintragen und checken: Sind sie spezifisch, messbar, anziehend, realistisch und terminiert? Das Kriterium, das dein jeweiliges Ziel schon erfüllt, kannst du abhaken – an den anderen feilen wir später noch.

Ziel	Spezifisch?	Messbar?	Anziehend?	Realistisch?	Terminiert?

Erinnerst du dich an Kai, Wilma, Fred, Silke und Finn? Auch ihre Ziele können SMARTer formuliert werden:

Kai hat sich vorgenommen, in zwei Jahren auf der ersten Führungsposition zu sitzen. Das wäre direkt nach seinem Traineeprogramm. Ist das realistisch? Und was genau heißt das für ihn, eine Führungsposition zu haben? Hat er dann einen Mitarbeiter oder 200? SMARTer wäre sein Ziel eher so: In vier Jahren hat er seine erste Führungsposition, in der er 5 bis 20 Mitarbeiter unter sich hat. Bis dahin sammelt er Erfahrungen und bereitet sich durch Seminare und Coachings auf seine Rolle als Führungskraft vor.

Wilma träumt vom Wohlstand und hofft darauf, dass ihr Geld schon irgendwann für den Kauf von Immobilien reichen wird. Das ist weder messbar noch terminiert noch spezifisch genug. Besser wäre es, sie würde sich folgendes Ziel setzen: In zehn Jahren hat sie 50 000 Euro gespart, die ihr als Eigenkapital für die erste Immobilie dienen. Das heißt, pro Jahr muss sie 5000 Euro sparen, das sind im Monat 416,67 Euro. Na, das klingt doch schon viel konkreter, oder? Die nächste Überlegung wäre dann, ob das für sie als freie Künstlerin realistisch ist …

Fred möchte mit 90 noch Salsa tanzen. Um fit zu bleiben, hat er – der bekennende Laufmuffel – sich beim Halbmarathon angemeldet. Das Ziel ist überhaupt nicht attraktiv! Besser, er würde sich eine Sportart suchen, die ihn fit hält, die ihm aber auch Spaß macht – warum nicht zweimal in der Woche zum Salsa-Kurs?

Umweltingenieurin **Silke** fehlt das Startkapital für die eigene Firma. Auch hier ist das Ziel weder terminiert noch messbar. Besser wäre es, wenn sie sich, ähnlich wie Wilma, genau überlegt, wie viel Geld sie bis wann braucht, um die GmbH gründen zu können. Da sie schon gut verdient, ist das mit einem Dauerauftrag aufs Sparkonto schnell erledigt. Die Zeit bis dahin könnte sie schon nutzen, um ihr Netzwerk weiter auszubauen. Zum Beispiel, indem sie im Jahr zwei Messen besucht und fünf Abendveranstaltungen, auf denen sie sich mit Branchenkollegen vernetzen kann. So bleibt sie auch aktiv dran an ihrem Ziel.

Finn will seine Freundschaften pflegen und den Kontakt halten – irgendwie. Auch dieses Ziel ist nicht spezifisch genug. Konkreter wäre es, einmal im Jahr einen gemeinsamen Kurztrip zu planen. So hätte er wenigstens einmal im Jahr ausreichend Zeit, sich ausgiebig mit seinen Kumpels auszutauschen. Noch besser wäre es sogar, dafür immer ein bestimmtes Wochenende zu nutzen, zum Beispiel immer das Pfingstwochenende. Dann würde sich die lästige Terminsuche jedes Jahr erübrigen und die Zielerreichung wäre gesichert.

Übung: Mach deine Ziele SMART und sexy!

Ursprüngliches Ziel	SMART + sexy

Wenn du noch mal an die Studie denkst, die ich dir am Anfang vorgestellt habe, bist du jetzt zwischen Gruppe zwei und drei der Versuchsanordnung. Du könntest also deine Chancen zur Zielerreichung noch deutlich steigern, indem du jemandem von deinen SMARTen Zielen erzählst und mit dieser Person ausmachst, ihr regelmäßig davon zu berichten. Im Job hast du eine solche Verabredung vielleicht schon mit deinem Chef: Sprecht ihr in einem regelmäßigen Jour fixe (wöchentlich oder monatlich) über deine Arbeit und gleicht immer wieder ab, ob Jahresziele und Aufgaben noch zueinanderpassen? So solltest du es auch mit deinen privaten Zielen (oder denen, von denen der Chef nichts wissen sollte) machen: Such dir jemanden, mit dem du regelmäßig über deine Ziele sprichst – und der Erfolg ist auf deiner Seite!

Stakeholder gibt es nicht nur in DAX-Unternehmen, sondern auch in deinem Leben

Du weißt jetzt, wo du hinwillst. Wahrscheinlich hast du auch schon eine Idee, wie dir das gelingt und wie die nächsten Schritte aussehen können. Was du jetzt noch brauchst, ist Zeit für deine Ziele – und die schaffst du dir, wenn du Prioritäten setzt und deine Zeit sinnvoll auf deine Ziele verteilst.

Die größten Schwierigkeiten haben die meisten Menschen nicht mit der Zielformulierung. Das sieht man nicht zuletzt an den alljährlich aufs Neue ausgesprochenen guten Vorsätzen. Den ersten Schritt zur erfolgreichen Strategie hast du mit den SMARTen Zielen schon gemacht.

GUDRUN NEUPER, GN BERATUNG: »Klar formulierte Ziele sind grundlegend zur Zielerreichung. Das Ziel ist somit immer vor Augen. Auch Umwege sind daher denkbar und gehbar. Wenn sich die Umstände ändern, ist es sinnvoll, die Ziele neu zu überdenken und sie gegebenenfalls neu auszurichten.«

Die wahre Kunst besteht jetzt darin, auch genug Zeit zu haben, um die Ziele zu verfolgen. Aber keine Sorge, das ist gar nicht so schwer! Auch dazu kannst du dir was aus der Wirtschaft abgucken: In jedem Unternehmen oder größeren Projekt gibt es *Stakeholder*. Das sind Menschen oder Institutionen, die sich aus irgendeinem Grund dafür interessieren, wie es um das Unternehmen oder das Projekt steht: Kunden, Mitarbeiter, Aktionäre, Politiker, Kooperationspartner und so weiter. Je nachdem, wie sehr sie in das Unternehmen involviert sind, üben sie mehr oder weniger Druck aus.

Auch in deinem Leben gibt es solche Stakeholder: Personen, die wissen wollen, wie es dir geht und wie du in bestimmten Bereichen vorgehst - meistens, weil ihre eigenen Ziele auch von dir abhängen. Das kann zum Beispiel dein Chef sein, der sich natürlich vor allem dafür interessiert, wie du deinen Job machst. Oder deine Fußballmannschaft, die dich am liebsten fit auf dem Platz sehen will. Oder dein Partner, der mit dir eine glückliche Beziehung führen möchte. Oder, oder, oder... Für diese unterschiedlichen Ansprüche brauchst du Zeit: Für gelegentliche Überstunden, um deinen Job gut zu machen und alles fristgerecht zu erledigen; für regelmäßiges Joggen, damit deine Kondition auf dem Fußballplatz ausreicht; für Zweisamkeit und gemeinsame Erlebnisse in der Beziehung. Indem du deine Stakeholder aufspürst und erkennst, bekommst du auch ein Gefühl dafür, welche Rolle du in der Beziehung erfüllst - und diese unterschiedlichen Rollen wiederum helfen dir, deine Zeit proaktiv und selbstbestimmt zu verteilen. Wichtig ist bei der nächsten Übung, dass du wirklich ehrlich bist und alle Stakeholder und Rollen aufführst, die es in deinem Leben gibt - auch die, die dir nicht so lieb sind. Denn nur so hast du die Chance, wirklich die Kontrolle über deine unterschiedlichen Rollen zu behalten.

Übung: Finde deine Stakeholder

Verschaff dir einen Überblick: Welche Stakeholder gibt es in deinem Leben? Wer erhebt irgendwelche Ansprüche und nimmt teil an deinem Leben? Und welche Rolle ergibt sich daraus für dich? In dieser Übersicht kannst du die Stakeholder und die entsprechende Rolle festhalten:

Stakeholder	Deine Rolle

Wenn du dich mit deinen Stakeholdern beschäftigst, wirst du vielleicht merken, dass es einige gibt, die sehr präsent in deinem Leben sind, und andere, die etwas mehr im Hintergrund stehen. Und nicht alle Stakeholder hängen direkt mit deinen Werten und Zielen zusammen.

Denk noch mal an **Wilma**, die wohlhabend sein will, oder **Silke**, die Startkapital für ihre eigene Firma sparen möchte: Geldsparen an sich ist keine Rolle, wohl aber der Job, mit dem man das Geld verdient. Etwas einfacher ist es für **Fred**: Er möchte fit sein und dafür Sport treiben. Die Rolle, die auf sein Ziel einzahlt, ist damit klar definiert: Sportler.

Hast du deine Stakeholder gefunden? Auch die, die ein bisschen versteckt sind? Gibt es auch Rollen, die eigentlich gar nicht zu deinen Werten und Zielen passen? Dann kommt jetzt die Stunde der Wahrheit: Wem willst du wirklich dein wertvollstes Gut schenken – deine Zeit?

Setze Prioritäten!

Ein erfolgreiches Zeitmanagement verlangt Prioritäten – nicht nur tagtäglich, sondern auch und vor allem langfristig. Alle Stakeholder, die nicht deiner Vision und deinen Werten entsprechen, solltest du aus deinem Leben streichen oder zumindest stark reduzieren. Du hast schließlich nur das eine Leben, und deine Zeit ist zu kostbar, um sie zu verschwenden!

Schau dir also noch mal deine Liste mit den Stakeholdern an und geh mit jedem einzelnen ins Gericht: Mit welchen Rollen kommst du deiner Lebensvision näher? Und welche rauben dir eigentlich nur Zeit und Energie, bringen dich aber langfristig kein Stück weiter oder nerven dich einfach nur? Versuche die Stakeholder in eine Rangliste zu bringen, angefangen mit dem wichtigsten. Wenn dir das schwerfällt (und das ist bei 99 Prozent der Menschen, mit denen ich so eine Rangliste erarbeite, der Fall), stell immer zwei Stakeholder gegenüber und überleg dir, für wen du dich im Zweifelsfall entscheidest. Sei hier wirklich konsequent – es bringt keinem was, wenn du dich hier selbst betrügst, weder deinen Stakeholdern noch dir!

Natürlich soll das jetzt nicht heißen, dass das Bierchen mit Freunden immer eine höhere Priorität haben sollte als eine wichtige Aufgabe, die du im Job zu erledigen hast. Aber wenn bei dir Freundschaft vor Karriere geht, dann heißt das vielleicht, dass du nicht für ein Jahr ins Ausland gehst, um deine Karrierechancen zu steigern – weil du dann auch ein Jahr getrennt wärst von deinen Freunden. Die Prioritäten, die du deinen Stakeholdern zuweist, geben dir nicht nur Hinweise darauf, wie du deine Zeit gut verteilst, sondern können auch in großen Lebensentscheidungen wichtige Stützen sein.

Fazit

In diesem Kapitel hast du hart gearbeitet: Du hast deine Ziele benannt, sie umformuliert, hast deine Stakeholder und Rollen aufgespürt und sie in eine Rangfolge gebracht. Die strategische Ebene haben wir damit (fürs Erste) abgehakt. Jetzt noch ein paar operative Tricks, und du bist bald Meister im Selbstmanagement!

4.

Wenn's mal wieder länger dauert:

So optimierst du dein Zeitmanagement

Deine tägliche Challenge ist es, allen Zielen und Ansprüchen gerecht zu werden – auch deinen eigenen. Aber jetzt mal ehrlich, wie gut nutzt du deine Zeit? 24 Stunden am Tag sind 1440 Minuten – und wie viele davon verbringst du mit Facebook & Co.? Bestimmt könntest du viel mehr erreichen, wenn du diese vielen Minuten nur etwas bewusster gestalten würdest. Mit einfachen Tricks und hilfreichen Tools wird dein Zeitmanagement schnell effektiver und effizienter. Und am Ende gewinnst du vor allem eins: Lebenszeit.

Auf der operativen Ebene kommt es auf eine gute Organisation im Alltag an. Natürlich sollst du deine Tage nicht vom Weckerklingeln bis zum Schlafengehen durchplanen. Aber eine To-do-Liste, ein bisschen mehr Konzentration und der eine oder andere Zeitfresser weniger können schon wahre Wunder wirken. Du wirst sehen: Wenn du weißt, wie's geht, macht Organisation sogar Spaß! Eine Analyse, womit du deine Zeit verbringst, zeigt dir, an welchen Stellen du dein Zeitmanagement noch optimieren kannst. Danach lernst du Techniken und Apps kennen, die dich dabei unterstützen. Außerdem erfährst du, wie du mit Musik deine Produktivität steigerst und gegen den Montagsblues angehst.

Wo geht sie hin, deine Zeit?

Bevor Unternehmen ihre Prozesse optimieren, analysieren sie erst mal den Status quo. Bevor du dein Zeitmanagement optimieren kannst, solltest du das Gleiche tun: Du analysierst, wofür du deine Zeit überhaupt brauchst. So findest du schnell die richtigen Stellschrauben für deine persönliche Prozessoptimierung.

Weißt du, wie du die 1440 Minuten am Tag ganz genau verbringst? Wahrscheinlich schläfst du davon ca. 400 Minuten (das entspricht gut sechseinhalb Stunden) und bist 500 Minuten (das sind etwa 8 Stunden) bei der Arbeit. Übrig bleiben dann noch 540 Minuten, also volle 9 Stunden.

Was machst du aus diesen verbleibenden 540 Minuten? Statistiken* liefern interessante Zahlen: Wir telefonieren im Schnitt 28 Minuten am Tag. 105 Minuten verbringen wir mit Essen und Trinken. Und im Jahr 2013 schaute der durchschnittliche Deutsche ganze 221 Minuten fern – das sind mehr als dreieinhalb Stunden! Unterschiede zwischen den Geschlechtern gibt es vor allem in Bezug auf die Zeit in der Küche: Frauen verbringen darin 65 Minuten, Männer nur 28. Dafür nehmen sich (laut Statistik) die Männer mehr Zeit für ihre Hobbys: nämlich 20 Minuten. Bei Frauen sind es nur 8 Minuten. Im Bad verbringen – das mag für einige eine Überraschung sein – beide ähnlich viel Zeit: ca. 30 Minuten. Wenn man all diese Zahlen in einem ganzen Leben zusammenzählt, kommt man auf.

*Quellen: P.M. Fragen & Antworten, Statista

- 23 Jahre, die wir schlafend verbringen,

- 6 Jahre, in denen wir zu Hause essen, und

- 1,45 Jahre, die wir in Restaurants essen,

- 12 Jahre vor der Glotze und noch mal 12, in denen wir uns mit anderen unterhalten,

- 8 Jahre im Job,

- 5 Jahre Warten in Wartezimmern bei Ärzten und Behörden,

- 1,5 Jahre Putzen,

- 1 Jahr im Kino, in Konzerten oder im Theater,

- 9 Monate, in denen wir mit unseren Kindern (sofern vorhanden) spielen – genauso lange waschen und bügeln wir,

- noch mal 9 Monate, die Frauen vor dem Kleiderschrank verbringen und überlegen, was sie anziehen sollen,

- 8 Monate, in denen wir nichts anderes tun, als E-Mails zu löschen,

- 6 Monate, die wir auf der Toilette verbringen, weitere 6 Monate stehen wir vor roten Ampeln,

- 3 Monate, in denen wir uns die Zähne putzen,

- und ganze 4 Tage, die wir damit verbringen, unsere Schnürsenkel zuzubinden.

Ziemlich viel Zeit wenden wir also für Nichtigkeiten wie E-Mails-Löschen auf. Und im Gegenzug dazu verbringen wir nur wenig Zeit mit unseren Kindern. Wenn du dir jetzt noch mal überlegst, welche Stakeholder und Rollen du für dich im letzten Kapitel gefunden und als wertvoll definiert hast – glaubst du, mit diesen Durchschnittszeiten würdest du ihnen bis zu deinem 90. Geburtstag gerecht werden?

Glaube keiner Statistik, die du nicht selbst gefälscht hast!

Du glaubst nicht, dass das bei dir genauso ist? Du denkst, du nutzt deine Zeit effizienter? Dann mach den folgenden Test und erhebe deine eigene Statistik. Du kannst dafür einfach Zettel, Stift und diese Protokollvorlage nutzen:

Test: Deine Zeit-Statistik

Zeit (von ... bis ...)	Was gemacht?	In ... Minuten

Am Ende eines Tages solltest du dann die Minuten für einzelne Tätigkeiten addieren. Wenn du kein Fan von Zettel und Stift bist und lieber dein Smartphone dafür nutzt, empfehle ich dir die kostenfreie App *Toggl*. Toggl wurde eigentlich dafür entwickelt, den Zeitaufwand für Projekte (beispielsweise für Freelancer) zu tracken. Du kannst sie aber auch nutzen, um deine ganz persönliche Zeitanalyse zu machen. Solange du eine Tätigkeit ausübst, lässt du die App wie eine Stoppuhr mitlaufen. Indem du Kategorien vergibst, zählt sie dann die Zeiten automatisch zusammen – du sparst dir also die Rechnerei. Einziger Nachteil: Wenn du die App den ganzen Tag über nutzt, ist dein Akku ziemlich schnell leer. Du kannst aber auch Anfangs- und Endzeitpunkt direkt eintragen – das spart Energie und ergibt am Ende trotzdem eine schöne Statistik.

Egal, ob digital oder analog: Wichtig ist, dass du die Tätigkeiten ganz genau aufführst. Auch die fünf Minuten, in denen du zwischendurch auf dem Smartphone deinen Facebook-Account checkst – denn genau das sind die kleinen gemeinen Zeitfresser, die am Ende ganz enorme Summen deiner Zeit verschlingen!

Außerdem solltest du möglichst detailliert vorgehen: Die Zeit im Büro solltest du nicht nur als »Arbeiten« in die Statistik aufnehmen, sondern genau festhalten, was du dort alles tust: E-Mails lesen, E-Mails bearbeiten, telefonieren, an Projekt XY arbeiten, in Besprechungen sitzen, mit Kollegen quatschen, Kaffee kochen, kickern ... Das hilft dir später nicht nur, deine Arbeitszeit effizienter und effektiver zu gestalten, sondern vor allem, deine Aufgaben und die Zeit, die du brauchst, um sie zu erledigen, besser einzuschätzen. Nochmal: Versuche wirklich die einzelnen Minuten festzuhalten - am besten, du stellst dir einmal in der Stunde eine Erinnerung und hältst kurz inne, um die letzten 60 Minuten zu rekapitulieren. So geht dir sicher keine Info verloren.

JULIA HENKER, HR MANAGER: »Gerade am Anfang laden sich Berufseinsteiger zu viel auf. Sie sind hochmotiviert und wollen alles machen – schaffen dann aber die Hälfte nicht. Ist ja klar: Wenn die Erfahrung fehlt, ist es schwer, die Aufgaben richtig einzuschätzen. Außerdem gibt es manchmal Faktoren, die man einfach nicht beeinflussen kann, zum Beispiel wenn man mit anderen zusammenarbeitet.«

Damit du eine gute Datengrundlage hast, solltest du deine Zeit mindestens mehrere Tage, noch besser aber eine ganze Woche, auf diese Art und Weise beobachten. Sei hier unbedingt ehrlich – wenn du versuchst, deine Statistik zu schönen, betrügst du dich am Ende nur selbst. Dein Zeitmanagement kannst du nur optimieren, wenn ihm verlässliche Zahlen zugrunde liegen.

Erst analysieren, dann korrigieren

Jetzt kommt der interessantere Teil: die Analyse. Was kannst du aus deinen Zahlen lernen, was fällt dir auf? Mit diesen Fragen kannst du dein Protokoll auswerten:

- Wie viel Zeit wendest du für einzelne Tätigkeiten auf – am Tag und in einer Woche?

- Wann kannst du selbst bestimmen, wie du die Zeit verbringst, und wann bist du fremdbestimmt?

- Wie unterscheidet sich die Dauer für eine bestimmte Tätigkeit in Abhängigkeit von der Tageszeit, zu der du sie ausübst?

- Wie viel Zeit wendest du jeweils für deine Stakeholder auf? Findest du, das ist ausreichend, zu viel oder zu wenig?

- Gibt es Wartezeiten oder Transferzeiten, die du besser nutzen könntest? Wenn ja, wie?

- Welche Zeitfresser kannst du identifizieren? Und wie kannst du sie aus deinem Leben verbannen?

Wenn du diese Fragen ehrlich beantwortest, wirst du sicherlich schon einige Dinge entdecken, die du verbessern kannst – ganz ohne Tricks und Tools.

TIMM KUHLMANN, TALENT-WERKER: »Ändere nur was an deinem Zeitmanagement, wenn du damit unzufrieden bist. Sonst verschenkst du ohne große Motivation deine Energie.«

Wenn du zu den wenigen Menschen gehörst, die gar nichts auszusetzen haben an ihrem Zeitmanagement und das durch die Analyse jetzt auch schwarz auf weiß bestätigt hast, kannst du den Rest des Kapitels überspringen. Alle anderen bekommen jetzt eine geballte Ladung hilfreicher Tipps.

Carpe diem: Effizient, effektiv und happy!

Jetzt möchte ich dir Tools vorstellen, mit denen du dich ganz konkret besser organisieren kannst. Dabei ist der schon angedeutete Unterschied zwischen effizient und effektiv* zu beachten. Es geht jedoch nicht darum, deine Zeit bis auf die letzte Minute perfekt durchzutakten. Spontanität ist wichtig. Hier lernst du, wie du strukturiert und gleichzeitig flexibel durch den Tag kommst. Die große Frage, die uns alle beschäftigt, lautet: Wie können wir Job und Privatleben so miteinander in Einklang bringen, dass eine Work-Life-Integration gelingt? Die Lösung präsentiere ich dir jetzt: mit der wöchentlichen Planung.

*effizient
= die Dinge richtig tun
vs.
effektiv
= die richtigen Dinge tun

Planung von Woche zu Woche

Eine gute Wochenplanung hilft dir, im täglichen Leben deine Vision nicht aus den Augen zu verlieren. Der Wochenplan ist die Verbindung aus normativen und strategischen Überlegungen auf der einen und dem operativen Handeln auf der anderen Seite. Wie das geht? Ganz einfach: Überleg dir, welche Dinge in der nächsten Woche anstehen – und auch, welche du dir wünschen würdest. In einem zweiten Schritt verbindest du diese Aufgaben und Aktivitäten mit den dazugehörigen Rollen oder Stakeholdern, die du im dritten Kapitel als die für dich wichtigen identifiziert hast.

Übung: Dein Wochenplaner

KW ...		
Rolle/Stakeholder	Aktivität	Zeitlicher Aufwand

In dieser Übersicht kannst du den Job im Zweifelsfall etwas kürzer fassen, sonst sprengen die vielen Aufgaben die Übersicht – hier geht es ja um das große Ganze.

Wenn du die Übersicht erstellt hast, denk mal über Folgendes nach: Insgesamt hat eine Woche 168 Stunden, das sind 10.080 Minuten. Abzüglich der Zeit, die du schläfst, und der Zeit, die du auf jeden Fall im Job verbringst: Wie viel Zeit bleibt dann noch für alles andere? Wahrscheinlich nicht mehr viel, richtig? Und jetzt mache ich es noch ein bisschen schwerer: Von der verbleibenden Zeit solltest du 60 Prozent verplanen und 40 Prozent frei halten – im Privatleben wie im Job.

Die 60/40-Regel wird vor allem in agilen Unternehmen* gelebt, sie hat sich aber auch in nichtagilen Umwelten – und zwar nicht nur in Organisationen, sondern auch im privaten Bereich – bewährt.

*Agile Unternehmen können aufgrund ihrer flexiblen Organisationsstrukturen schnell auf spontane Umweltanforderungen reagieren

JULIA HENKER, HR MANAGER: »Ich habe viele fixe Termine, die ich nicht selbst bestimme – trotzdem versuche ich, maximal 60 Prozent des Tages zu verplanen. In einem agilen Arbeitsumfeld ist das die Richtlinie: 60 Prozent verplanen, 40 Prozent für spontane Aufgaben frei halten.«

Nur wenn du genug Zeit, nämlich 40 Prozent, für Spontanität frei hältst, wirst du zu einem glücklichen Manager deiner Zeit. Verplanst du 100 Prozent, wirst du schnell zum Knecht deiner eigenen Planung und brichst zusammen, sobald etwas Unvorhergesehenes passiert.

Also: Welche Aktivitäten musst du streichen, um das berücksichtigen zu können? Musst du vielleicht ganze Rollen streichen? Kommen andere Rollen gar nicht vor oder werden zu wenig gepflegt?

Deine Wochenplanung kannst du dabei ganz unterschiedlich nutzen. Du kannst entweder ganz rigide Termine für die einzelnen Aktivitäten und Rollen machen oder mit ihnen von Tag zu Tag jonglieren – je nachdem, was deine Motivation hoch hält und wie du am besten alles unterbringst.

VOLKER DAVIDS, COACH & IMPULSGEBER: »Bei mir hat alles einen konkreten Termin: Job, Weiterbildung, Sport, Hausarbeit, Einkäufe … So bin ich zwar unter der Woche gut durchgetaktet, vergesse aber auch nichts. Und natürlich lasse ich immer noch genug Zeit übrig und frage mich immer wieder: Muss ich das jetzt wirklich noch machen oder kann ich das auch nächste Woche erledigen? Nach einer Weile und ein bisschen Geduld hat man echt ein gutes Gefühl dafür, was man wann schafft und was vielleicht auch zu viel ist.«

Das A und O für die Wochenplanung ist ein gut geführter Kalender. Egal, ob du darin konkrete Termine festhältst oder nur Frei-Zeiten, in denen du die unterschiedlichen Aufgaben unterbringen kannst – der Kalender ist dein wichtigstes Tool für die Wochenplanung. Es gibt eine Fülle an Kalendern: Jahres-, Monats-, Wochen- oder Tageskalender, in DIN A4, DIN A5 oder für die Hosentasche, zum Selberbasteln, Aufhängen oder als Buch, als App oder integriert in dein E-Mail-Programm ... Da macht es richtig Spaß, den Kalender mit Terminen zu füttern!

Spätestens, wenn du in deinem ersten Job angekommen bist, wirst du gar nicht mehr drum herumkommen, einen Kalender zu führen. In der Regel gibt es einen digitalen Kalender, auf den auch deine Kollegen zugreifen können. So können sie zum Beispiel sehen, wann du Zeit für Besprechungen hast, und mit dir Termine ausmachen. Mit unterschiedlichen Kategorien, die in der Regel durch unterschiedliche Farben dargestellt werden, kannst du hier für dich die unterschiedlichen Stakeholder abbilden.

JULIA HENKER, HR MANAGER: »Nutze unterschiedliche Kategorien im Kalender. Eine davon sollte unbedingt heißen: Zeit für dich. In der Zeit kannst du an Konzepten arbeiten, Stapel abarbeiten, Mails beantworten ... Diese Stunden sind Gold wert!«

Farblich unterschiedlich gekennzeichnete Kategorien kannst du auch in deinem privaten Kalender nutzen, um deine Rollen abzubilden. Mit ein bisschen Übung siehst du dann auf einen Blick, welchen Rollen du in der aktuellen Woche genug Zeit widmest und welche du etwas vernachlässigst. Mach es für dich zum Ritual, einmal in der Woche (zum Beispiel Sonntagabend oder Montagmorgen) kritisch zu prüfen, ob dein operatives Handeln zu deiner Strategie passt. So kannst du von Woche zu Woche nachjustieren, vermeidest das böse Erwachen nach einem Jahr und ersparst dir unsinnige Neujahrsvorsätze.

Deine Werte helfen dir (vor allem im Privaten) dabei, Prioritäten zu setzen. Natürlich: Prioritäten ändern sich auch im Privatleben schnell mal. Stell dir vor, eine gute Freundin steht plötzlich weinend mit Trennungsschmerz vor deiner Tür. Gehst du zu dem Sportkurs, zu dem du gerade aufbrechen wolltest? Oder bleibst du da und kümmerst sich um deine Freundin? Zumindest wenn dir Freundschaften wichtiger sind als deine Fitness, fällt dir die Entscheidung wahrscheinlich ziemlich leicht. Zu wissen, was dir wichtig(er) ist, hilft in solchen Situationen oft schon unterbewusst, schnelle Entscheidungen zu treffen. Hier macht sich außerdem schnell der Vorteil der 60/40-Regel bemerkbar: Hast du sie in deiner Wochenplanung berücksichtigt, wirst du einen Ausweichtermin für den Sport finden. Sind allerdings schon 90 Prozent der Woche verplant, wird das schwer – und du stehst viel eher vor dem Konflikt, ob dir deine Freundin wichtiger ist als der Sport. Im folgenden Abschnitt präsentiere ich dir ein Prinzip, das du nutzen kannst, um deine Aufgaben zu priorisieren.

Mit Prioritäten behältst du den Überblick

In schnelllebigen Branchen ändern sich die Prioritäten ständig – da den Überblick zu behalten ist nicht leicht. Hier kann dir das Eisenhower-Prinzip* helfen: Damit kannst du alle deine Aufgaben anhand der Kriterien Wichtigkeit und Dringlichkeit bewerten.

*Dwight D. Eisenhower war der 34. Präsident der USA

1. A-Aufgaben
sind wichtig und dringlich. Du musst sie selbst erledigen, und zwar am besten sofort.

2. B-Aufgaben
sind wichtig, aber müssen nicht dringend erledigt werden. Am besten, du notierst sie an einem zentralen Ort – mit Termin, damit du sie nicht aus den Augen verlierst.

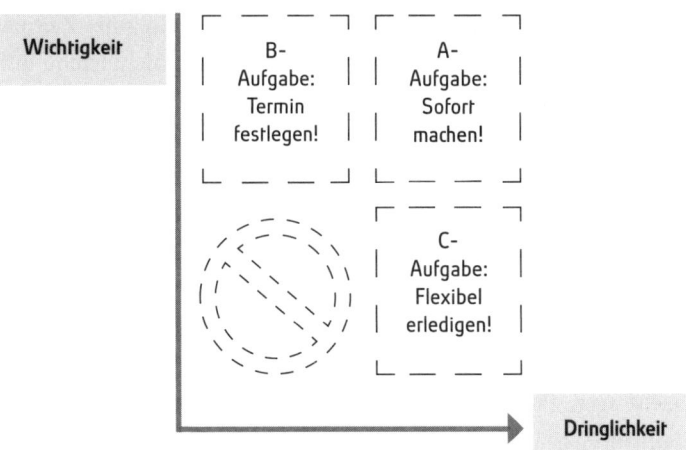

Prioritätensetzung nach dem Eisenhower-Prinzip

3. C-Aufgaben

sind dringend, aber nicht so wichtig. Meistens sind das Routineaufgaben, die einfach gemacht werden müssen. Wenn du kannst, delegiere sie an jemand anders (der idealerweise mehr Zeit dafür hat als du). Wenn das nicht geht, versuche, sie flexibel in deinen Tag miteinzubauen.

JULIA HENKER, HR MANAGER: »Für regelmäßige Routineaufgaben: Sammle sie und erledige sie en bloc – sonst reißen sie dich immer wieder aus dem Konzept. Auch dafür solltest du Zeit reservieren, in der du nichts anderes machst.«

4. Alle anderen Aufgaben,

die weder wichtig noch dringlich sind, kommen direkt in deinen analogen oder digitalen Papierkorb – damit hältst du dich am besten gar nicht auf.

JULIA HENKER, HR MANAGER: »Enorm wichtig für ein gutes Zeitmanagement: Nein sagen. Das ist manchmal echt nicht leicht, hilft aber ungemein.«

Wenn du alle anstehenden Aufgaben nach dem Eisenhower-Prinzip mit Prioritäten versiehst, wirst du sehr viel besser mit den vielen Anforderungen umgehen können und auch in stressigen Zeiten einen kühlen Kopf behalten. Übrigens: Kein Mensch erwartet von dir von Anfang an, dass du genau weißt, was wie wichtig oder dringlich ist. Wenn du dir unsicher bist, kannst du also ruhig mal nachfragen. Die Frage »Bis wann soll das fertig sein?« signalisiert deinem Gegenüber, dass du mitdenkst und alles im Griff hast – und dir hilft die Antwort enorm, deine Zeit zu managen.

Achtung! Du solltest nicht anfangen, weitere Kategorien zu erfinden. Kein Doppel-A, kein Dreifach-B und auch kein C mit *. Hier gilt: Keep it simple! Mit mehr als drei (bzw. vier) Kategorien verbringst du am Ende mehr Zeit mit der Prioritätenvergabe, als dass du deine Aufgaben erledigst.

NINA SCHWARTZ, PERSONALREFERENTIN: »Es ist heute echt schwierig, eine gewisse Struktur aufrechtzuerhalten – alles ist so schnelllebig. Ich würde dir empfehlen, immer offen zu sein für spontane Aufgaben und Änderungen, dabei aber nie die Prioritäten aus den Augen zu verlieren. Nimm dir immer wieder etwas Zeit und überlege, ob dein Alltagsgeschäft auch zu deiner Zielerreichung beiträgt. Es kann durchaus nützlich sein, sich neben dem reaktiven Arbeiten auch bewusst Zeit für proaktives Arbeiten wie die Konzipierung neuer Ideen zu reservieren.«

Pimp your day!

Auch deine Woche hat sieben Tage. Sieben Tage, an denen deine Rollen und Stakeholder manchmal erbittert um jede einzelne Minute kämpfen. Um das Beste aus jedem Tag herauszuholen, erhältst du hier ein paar Tipps, wie du ihn optimal gestaltest.

Zunächst solltest du deine persönliche Leistungskurve berücksichtigen. Die sieht bei jedem Menschen etwas anders aus. Generell lässt sich aber festhalten, dass die meisten Menschen im Laufe des Vormittags besonders leistungsfähig sind. Der Höhepunkt liegt im Durchschnitt bei elf Uhr, danach fällt die Leistungskurve erst mal wieder ab. Ein zweiter, nicht ganz so hoher Höhepunkt, ist dann gegen 20 Uhr. Das heißt das Mittagstief, das viele kennen, beschränkt sich längst nicht auf den Mittag – sondern hält deutlich bis zum Nachmittag an.

BIRGIT BERNDT, DIPLOM-PSYCHOLOGIN: »Wir Menschen sind in Bezug auf unseren Tagesrhythmus sehr unterschiedlich veranlagt. Ich kann besonders gut morgens und dann erst wieder spätabends Dinge mit Elan erledigen. Ab dem frühen Nachmittag bin ich für schwierige Denksportaufgaben nicht zu gebrauchen. Früher habe ich mich dann immer gezwungen, den ganzen Tag über stetig viel zu erledigen, bis ich endlich verstanden habe, dass ich mir das anders einteilen muss. Heute erledige ich vor allem morgens gleich die schwierigsten Tasks, bei denen keine Fehler unterlaufen dürfen. Den Nachmittag nutze ich zum Aufräumen des Schreibtischs, Sortieren von Unterlagen, dem Führen von Telefonaten und für andere einfachere Tätigkeiten.«

Die Leistungskurve solltest du vor allem bedenken, wenn es um die Verteilung deiner Aufgaben über den Tag geht. Denn hier greift das Pareto-Prinzip. Es beschrieb ursprünglich die Einkommensverteilung in Italien: Vilfredo Pareto fand heraus, dass seinerzeit 20 Prozent der Bevölkerung 80 Prozent des Grund und Bodens besaßen. Bezogen auf das Zeitmanagement besagt das Pareto-Prinzip, dass man in 20 Prozent der Zeit 80 Prozent der Ergebnisse erzielt – im Umkehrschluss heißt das aber auch, dass man für die übrigen 20 Prozent der Ergebnisse 80 Prozent der Zeit aufwenden muss. Es empfiehlt sich also, die 20 Prozent, in denen du 80 Prozent der Ergebnisse erzielst, in den Vormittag zu legen – denn dann bist du sehr wahrscheinlich am produktivsten.

JULIA HENKER, HR MANAGER: »Nimm dir pro Tag einen ›dirty job‹ vor, also eine Aufgabe, die du überhaupt nicht gerne machst. Wenn du die direkt morgens erledigst, wird der ganze Tag besser!«

Andersherum kannst du Aktivitäten, die nicht deine volle Konzentration benötigen, gut dann erledigen, wenn deine Leistungsfähigkeit gerade einen Tiefpunkt erreicht hat. Routineaufgaben oder lockere Zusammenkünfte mit den Kollegen sind in solchen Momenten gut untergebracht. Damit nutzt du nicht nur deine Leistungskurve optimal, sondern sorgst auch für Entspannung, wenn du sie brauchst.

Boost your concentration!

Wenn du, was sehr wahrscheinlich ist, doch nachmittags noch konzentriert arbeiten musst, kannst du dein Gehirn austricksen, und zwar mit Musik! Vergiss, was dir deine Eltern und Lehrer über Ruhe beim Arbeiten gesagt haben – neuere Forschungen ergaben, dass durch die richtige Musik Hirnregionen aktiviert werden, die die Aufmerksamkeit fördern. Insbesondere durch fröhlich klingende Musik in Dur wird Noradrenalin ausgeschüttet. Das sorgt für eine positive Grundstimmung, die wiederum die Motivation und die Aufnahmebereitschaft des Gehirns steigert. Am besten eignet sich dabei entspannte Instrumentalmusik mit einem gleichmäßigen Rhythmus – letztendlich funktioniert hier aber vor allem, was dir gefällt. Egal ob Rockmusik, Klassik oder Naturgeräusche:

Die Musik sollte im Hintergrund laufen und keine zusätzliche Aufmerksamkeit auf sich ziehen. Der Partykracher vom letzten Wochenende, den du am liebsten lauthals mitsingst, eignet sich also nur bedingt – ebenso wenig wie der Herzschmerz-Song, bei dem dir immer die Tränen kommen.

Eine gute Auswahl neutraler, konzentrationsfördernder Musik findest du auf *www.focusatwill.com.* Du kannst zwischen drei Energielevels und insgesamt 17 Musikrichtungen wählen – da ist für jeden Geschmack etwas dabei. Wem generell eher Hintergrund*geräusche* statt -musik liegen, der wird auf der Website *Noisli* fündig. Hier wird man selbst zum DJ und kann verschiedene Geräusche miteinander vermischen: Regen, Donnerwetter, Wald und Meeresrauschen sind ebenso dabei wie eine Zugfahrt, ein Lagerfeuer und einfaches Rauschen. Sogar Café-Atmosphäre kannst du dir ins Büro holen! Probier einfach aus, was für dich gut funktioniert (wenn du im Großraumbüro sitzt, nimmst du am besten Kopfhörer!).

Zeitfresser besiegen

Selbst wenn alle Störfaktoren von außen abgestellt sind: Da bleiben immer noch die vielen kleinen Zeitfresser, über die vor allem du selbst die Kontrolle hast. Zum Beispiel das Abdriften bei der Recherche: Man will eigentlich nur kurz mal was nachlesen. Von einem interessanten Artikel kommt man zum nächsten, darin wird wieder irgendwohin verlinkt, und ehe man sich's versieht, ist eine Stunde um und die Präsentation noch kein Stück weiter. Kennst du das?

Mein Tipp: Mit der App *Pocket* kannst du dir Artikel und Videos ganz einfach merken. Ein Klick auf den Button in der Menüleiste (auf dem Smartphone kannst du den Inhalt mit Pocket teilen), und die App speichert die aktuelle Seite ab, auch in einer Offline-Version. Wenn du den Artikel dann gelesen hast, kannst du ihn ins

Archiv verschieben – und ersparst dir damit das nervige Gesuche nach Infos, die du irgendwann irgendwo mal gelesen hast.

TIMM KUHLMANN, TALENT-WERKER: »Social Media gehört bei mir, wie bei vielen anderen mittlerweile, zum täglichen Aufgabenbereich. Da besteht immer die Gefahr, sich irgendwo festzulesen und abzudriften.«

Zum Thema Social Media: Mit Facebook, WhatsApp, Instagram & Co. verbringen wir gut und gerne mehrere Stunden am Tag. Nicht am Stück, aber immer mal zwischendurch. Vor allem, wenn man fokussiert arbeiten will, reißt einen das immer wieder raus. Dabei kannst du diesen Störfaktor ganz einfach abschalten: Einfach nicht aufmachen. Nicht auf dem Smartphone, nicht im Browser. Mach bewusste Facebook-Pausen. Und wenn es gar nicht anders geht, lege für dich selbst Zeiten fest, in denen du dich updaten darfst – und halte dich dran! Erinnerst du dich an den Nagel im Kopf? Das ist einer davon …

Ein wahrer Zeitkiller kann auch Unordnung sein. Wenn du lange suchen musst, bevor du eine wichtige Info findest, lässt dich das schnell hektisch werden und in Stress geraten. Besser, du hältst von vornherein Ordnung. Und weil das so wichtig ist, erfährst du im nächsten Kapitel mehr zu analogen und digitalen Ordnungsstrategien.

Last, but not least kostet auch das viel Zeit, wenn du nicht aufpasst: der Schwatz mit den lieben Kollegen. Brauchst du Ruhe und Konzentration, mach den anderen deutlich, dass du jetzt nicht gestört werden möchtest. Wenn du ihnen freundlich erklärst, warum das für dich gerade wichtig ist, haben dafür sicherlich alle Verständnis. Vielleicht könnt ihr langfristig auch Zeichen ausmachen, die den anderen jeweils signalisieren: Jetzt will ich nicht gestört werden.

Die Legende vom Multitasking

Viele Leute denken ja, sie wären multitaskingfähig. Tatsächlich aber ist unser Gehirn dafür gar nicht ausgelegt. Es kann sich auf maximal zwei komplexe Aufgaben zur gleichen Zeit konzentrieren – und auch dann laufen die nicht parallel. Vielmehr springt das Gehirn einfach sehr schnell zwischen den Aufgaben hin und her. Dieser Prozess kostet Energie, Zeit und Leistung. In mehreren Studien wurde mittlerweile nachgewiesen, dass die Leistung im Multitasking abfällt – selbst bei hochbegabten Harvard-Studenten. Hast du schon mal probiert, mit einem Kunden zu telefonieren und gleichzeitig die E-Mails zu lesen, die er dir zuletzt geschrieben hat? Funktioniert – genau – nur mäßig gut. Zwar bist du am Ende des Gesprächs wieder auf dem aktuellen Stand, was die E-Mails angeht – was ihr im Telefonat besprochen habt, hast du aber größtenteils wieder vergessen. Also: Neurobiologisch betrachtet gibt es kein Multitasking!

Um fokussiert und konzentriert zu arbeiten ist es wichtig, sämtliche Störfaktoren möglichst auszuschalten. Das heißt: Telefon lautlos oder weiterleiten, Push-Funktion des Mail- und sonstiger Programme abstellen, Tür zu (oder im Großraumbüro: Kopfhörer auf).

Tausend Dinge regeln und nichts vergessen

Jeden Tag prasseln unendlich viele Dinge auf dich ein: Aufgaben, Informationen, Randnotizen, Hinweise, neue Erkenntnisse ... der ganz normale Wahnsinn! Und alles ist irgendwie wichtig. Auch wenn eine Info nicht akut relevant ist, solltest du sie dir auf jeden Fall merken. Ich zeige dir drei Ankermöglichkeiten, die dafür sorgen, dass nichts untergeht – ohne Zettelchaos und Elefantenhirn.

Anker Nr. 1: Eine zentrale To-do-Liste

Am besten sammelst du alle Aufgaben, die zu erledigen sind, auf einer To-do-Liste. Auf der kannst du auch die jeweiligen Prioritäten vermerken und Termine oder Fristen festhalten. Wenn du die Liste täglich pflegst, kannst du damit wunderbar arbeiten und hast alle anstehenden Aufgaben auf der Agenda.

TIMM KUHLMANN, GEN-Y-GRÜNDER: »Ich überlege mir jeden Abend, welche Aufgaben am nächsten Tag anstehen und wie wichtig und dringlich sie jeweils sind.«

Wichtig ist, dass du eine zentrale Liste hast. Wenn du fünf verschiedene To-Do-Listen pflegst, ist das Vergessen vorprogrammiert – denn wer kann schon fünf verschiedene Listen im Blick haben und dann auch noch die Prioritäten berücksichtigen? Es kann aber durchaus sinnvoll sein, pro Aufgabenbereich oder Thema eine Liste zu führen.

BIRGIT BERNDT, DIPLOM-PSYCHOLOGIN: »Zu einem guten Zeitmanagement gehört in jedem Fall eine akkurat geführte To-do-Liste. Ganz gleich, ob auf Papier oder digital – eine Aufgabenliste zum Abhaken hilft einem, den Überblick zu behalten, und gibt einem das gute Gefühl, etwas geschafft zu haben. Sie bringt zudem den Zusatznutzen mit sich, am Ende des Tages reflektieren zu können, wie gut man vorangekommen ist.«

Mein Tipp: Mit der App *Wunderlist* hast du alle To-do-Listen immer auf dem Smartphone dabei und kannst sie gleichzeitig mit PC und Tablet synchronisieren. Du kannst Listen für unterschiedliche Themen anlegen, für die einzelnen Aufgaben Termine vergeben, dich erinnern lassen, Teilaufgaben definieren und Notizen machen. Besonders wichtige Aufgaben markierst du mit einem Sternchen. In der Übersicht siehst du, wie viele Einträge jede Liste hat und welche Aufgaben am aktuellen Tag anliegen beziehungsweise hohe Priorität haben. Besonders genial: Du kannst die Listen mit anderen teilen und dich über die App mit ihnen austauschen. Das erleichtert nicht nur die Zusammenarbeit mit Kollegen, sondern auch die Partyplanung mit Freunden und den Wocheneinkauf mit der oder dem Liebsten.

Neben Wunderlist gibt es viele andere Apps, mit denen du To-do-Listen erstellen kannst. Da du damit deinen Alltag bestreiten willst, solltest du dir eine App suchen, die für dich intuitiv bedienbar ist und deren Design dir besonders gefällt.

Du kannst deine Aufgaben auch in deinem E-Mail-Programm abspeichern. Das hat den Vorteil, dass du die Aufgaben mit E-Mails verknüpfen kannst und die Aufgaben auch im Kalender auftauchen. Du kannst also Aufgaben ganz leicht terminieren und hast dabei immer schon die anstehenden Termine im Blick – vorausgesetzt natürlich, du nutzt den Kalender des E-Mail-Programms.

Natürlich ist es verlockend, sämtliche Aufgaben mit Terminen zu verknüpfen und dann einfach nur nach dem Terminkalender zu arbeiten. Du solltest dir aber ein bisschen Flexibilität erhalten. Das heißt: Lege für die einzelnen Aufgaben Fristen fest, bis wann du sie erledigt haben musst (oder möchtest). Idealerweise kannst du auch schon abschätzen, wie lange du für eine Aufgabe brauchst – das kannst du dann auch dazu notieren. So kannst du die Aufgaben jonglieren, je nachdem, wie es deine Tagesform gerade zulässt. Wenn du dich nämlich zu fest an einen Termin klammerst, an dem Tag aber überhaupt keinen Nerv hast für diese Aufgabe, dauert sie unter Garantie dreimal länger, als wenn du voll motiviert bei der Sache bist. Und das frustriert dich nur unnötig.

Digital oder analog? Mein Votum lautet hier klar digital. Denn digitale Listen und Einträge sind viel leichter zu bearbeiten als analoge, und du kannst sie auf mehreren Geräten gleichzeitig nutzen und abspeichern. Einen Zettel hingegen lässt du vielleicht mal irgendwo liegen oder hast ihn im entscheidenden Moment nicht dabei – und dann geht das Chaos los.

Anker Nr. 2: Ein Notizbuch

In dein Notizbuch gehört alles, was du nicht vergessen willst. Das können Mitschriften aus Meetings sein, Notizen zu Vorträgen, Hinweise zu Projekten, Geistesblitze oder Best-Practice-Beispiele, die du irgendwo aufgeschnappt hast.

Wie die To-do-Listen kann das Notizbuch entweder digital oder analog sein. Auch hier liegen die Vorteile des digitalen Notizbuchs auf der Hand: Du kannst es auf dem PC, dem Tablet und dem Smartphone nutzen und hast es immer dabei. Außerdem kannst du die digitalen Notizen besser thematisch (um)sortieren.

Ein Programm, mit dem ich bisher gute Erfahrungen gemacht habe, ist *OneNote* von Microsoft. Du kannst mehrere Notizbücher anlegen, darin verschiedene Abschnitte und dazu noch mal verschiedene Seiten. Es gibt unterschiedliche Formatierungen und Markierungen, mit denen die Seiten schön bunt gestaltet werden können (das ist mir besonders wichtig). Außerdem kann man Bilder einfügen. Das nutze ich auch gern, um abfotografierte Mitschriften aus Veranstaltungen oder Gedankenfetzen, die auf Bierdeckeln gelandet sind, zu archivieren. Auch To-do-Listen kann man natürlich in OneNote pflegen. Neben OneNote gibt es noch eine Reihe vergleichbarer Programme. Auch hier gilt: Finde das, was dir zusagt und womit du Spaß hast. Wenn es nicht attraktiv für dich ist, wird es eher früher als später verkümmern.

Ein Hinweis noch: Bevor du digitale Notizbücher nutzt, solltest du klären, wie dein Arbeitgeber dazu steht. Im Zweifelsfall hat der nämlich ein Problem damit, wenn deine Notizen irgendwo auf einer Cloud rumschwirren, über die er keine Kontrolle hat.

Anker Nr. 3: Reminder

Das kennen wir alle: Es gibt Dinge, an die müssen wir einfach denken. Zum Beispiel den Abwesenheitsagenten einzustellen, bevor wir in den Urlaub gehen. Oder abends die Spülmaschine anzumachen, bevor wir als Letzte das Büro verlassen. Oder neue Drucker-patronen zu bestellen. Oder dem Kollegen das Geld zurückzuge-ben, dass er uns letztens beim Lunch geliehen hat … Solche Sachen sind tagesaktuell, dauern nicht lang und werden gern mal verges-sen. Damit das nicht passiert, solltest du dir auch hierfür eine Stel-le überlegen, an der du deine Reminder platzierst. Es gibt zahlrei-che Möglichkeiten, wie du dich an Dinge erinnern kannst. Omas Tipp mit dem Knoten im Taschentuch funktioniert vielleicht nicht mehr, wenn es mehr als drei Dinge sind, und auch auf Notizen auf der Hand solltest du im Businesskontext verzichten. Aber abgese-hen davon ist alles erlaubt, was für dich funktioniert. Am beliebtes-ten ist wahrscheinlich die Variante von Timm:

TIMM KUHLMANN, TALENT-WERKER: »Aufgaben, die ich nicht aus den Augen verlieren will, finden ihren Platz auf Post-its, die ich an mei-nen Bildschirm klebe.«

Der Vorteil dabei ist: Du hast sie immer im Blick, dadurch prägen sie sich auch unterbewusst besser ein. Und wenn es zu viele Post-its werden, solltest du vielleicht mal zwei Stunden einplanen, in denen du nichts anderes machst, als diese abzuarbeiten.

Auch hier: Digital oder analog? Meine Empfehlung: Mach diese Notizen analog. Denn häufig geht es um Dinge, die wir schnell mal nebenbei hinkritzeln, weil sie uns eben durch den Kopf schießen.

Ganz wichtig: Sammle diese Reminder wirklich zentral an ei-nem Ort, alles andere ist kontraproduktiv. Merkst du selbst, oder?

Damit musst du immer rechnen:
Der Blues zum Wochenanfang

In dem Song »I don't like mondays« sangen die Boomtown Rats in den 70ern über eine 16-Jährige, die mit einem Gewehr auf ande-re Menschen schoss – weil sie Montage nicht mochte (wahre Geschichte). Bei den wenigsten Menschen nimmt es solche Ausmaße an, aber einen dezenten Montagsblues kennen viele. Selbst wenn der Job Spaß macht, kommt man um diesen Blues oft nicht herum. Anzeichen dafür sind vor allem große Motivationsschwierigkeiten und keine Lust, zur Arbeit zu gehen. Da nützt manchmal das beste Zeitmanagement nichts.

Forscher der Uni Göteborg haben den Zusammenhang zwischen Wochentag und Wohlbefinden mal genauer untersucht und herausgefunden: Der Sonntag (nicht der Montag) ist der Tag in der Woche, an dem die Leute, insbesondere Verheiratete und Angestellte, am traurigsten sind. Liegt das nur am schlechten *Tatort* oder eher daran, dass wir am Sonntag das endende Wochenende betrauern und schon dem Wochenanfang entgegensehen? Fakt ist: Viele neigen dazu, ihr Wochenende so mit Aktivitäten zu überfrachten, dass ihre Energiereserven nicht aufgetankt werden können – und gerade dann, wenn der Job einem viel Energie abverlangt, hängt man am Sonntag schon durch, weil man merkt: Man hat sich kein Stück erholt und soll am nächsten Tag schon wieder durchstarten.

Was also tun gegen den Sonntagsblues und die Startschwierigkeiten zu Wochenbeginn? Zunächst solltest du nicht das ganze Wochenende verplanen. Man kann es gar nicht oft genug sagen: Verplane maximal 60 Prozent deiner Zeit! Gerade am Wochenende brauchst du Ruhephasen, um deine Energiereserven aufzutanken.

Um gut abzuschalten hilft es, am Freitag kurz vor dem Feierabend schon zu überlegen, was in der nächsten Woche ansteht. Indem du am Freitag schon deine To-do-Liste für Montag aktualisierst, verschaffst du dir einen Überblick und weißt Montagmorgen genau, was du konkret zu tun hast. Solche klaren Handlungsanweisungen vermeiden, dass du dich lange vor der Arbeit drückst, und holen dich schnell raus aus dem Blues. Außerdem kannst du in der Liste auch alles sammeln, was du vielleicht in der Woche davor nicht mehr geschafft hast, und ersparst dir damit unangenehme »Daran-muss-ich-unbedingt-denken-Momente« am Wochenende.

Wenn dir am Wochenende doch noch was einfällt, an das du denken musst, schreib es dir auf oder schick dir eine Erinnerungsmail. Sorg auf jeden Fall dafür, dass du es irgendwo notierst. Indem du es an einem zentralen Ort abspeicherst (digital oder analog), kann dein Gehirn den Gedanken schnell wieder loslassen und du wieder abschalten.

Sonntagabends solltest du einen ganzheitlichen Blick auf die kommende Woche werfen: Was liegt privat an? Auf was kannst du dich freuen? Welche Termine stehen dir bevor? Was möchtest du in der kommenden Woche gern erledigen oder unternehmen? Durch die Auseinandersetzung mit der nächsten Woche lenkst du deinen Blick zielorientiert auf die Zukunft, statt depressiv darüber zu werden, was du an diesem Wochenende alles nicht gemacht oder geschafft hast. So wird der Sonntagabend zu einem kleinen wöchentlichen Silvester – mit kleinen, überschaubaren Vorsätzen für die nächste Woche.

Und dann ist er da, der Montag. Solltest du trotz aller Vorkehrungen immer noch Motivationsschwierigkeiten haben, kannst du ihn dir verschönern, indem du mit einem für dich wertvollen Ritual in die Woche startest. Vielleicht möchtest du dir Blumen auf den Schreibtisch stellen, deinen Obstteller auffüllen oder einen Kaffee mit der Kollegin trinken und dich mit ihr über das Wochenende austauschen. Oder du wählst am Montag einen besonders schönen Weg zur Arbeit, durch einen Park oder entlang eines Flusses, der dich positiv stimmt. Deiner Fantasie sind hier keine Grenzen gesetzt. Wichtig ist: Mach's dir hübsch! Ist deine Stimmung dann besser, geh die Aufgabe an, die dir sonst die ganze Woche im Nacken sitzt – um es mit Julias Worten zu sagen: den ›dirty Job‹ überhaupt. Hast du den erstmal abgehakt, kann die Woche nur noch besser werden.

Abends solltest du dich dann unbedingt belohnen! Auch wenn das Aufstehen morgens eine echte Qual war, hast du jetzt den ersten Tag der Woche hinter dich gebracht, und das gilt es zu würdigen. Auch hier kann ein schönes Ritual unterstützend wirken – dann kannst du dich morgens schon auf den Abend freuen.

Fazit

Wenn du weißt, wofür du deine Zeit brauchst
(und wo sie vielleicht verloren geht), kannst du mit den Tipps
und Tricks aus diesem Kapitel dein Zeitmanagement deutlich
verbessern. Gelegentliche Motivationstiefs überwindest du mit
konzentrationsfördernden Klängen und stimmungsaufhellenden
Ritualen – ganz einfach!

5.

Hat Oma schon gewusst:
Ordnung ist
das halbe Leben!

Im Job wird dir der chaotische Studentenschreibtisch schnell zum Verhängnis: Spätestens dann, wenn du Unterlagen suchst und nicht findest oder wichtige Dinge vergisst, die du dir »irgendwo« aufgeschrieben und dann nie wieder gesehen hast. Das macht nicht nur nach außen einen unprofessionellen Eindruck, sondern dir auch das Leben unnötig schwer. In dem Fall hatte die Oma nämlich recht: Ordnung ist das halbe (Arbeits-) Leben und gehört zu einem erfolgreichen Selbstmanagement wie die Butter aufs Brot!

Wenn du während des Studiums deinen Schreibtisch überwiegend als Ablagefläche genutzt hast und stattdessen in der Bibliothek oder im Bett gelernt hast, wirst du vermutlich mit einer Clean Desk Policy so deine Schwierigkeiten haben. Dass es aber nicht nur dann Sinn macht, Ordnung zu halten, wenn die Firma das so vorschreibt, zeige ich dir in diesem Kapitel. Ordnung beinhaltet nämlich neben dem lupenreinen Schreibtisch auch eine systematische digitale Ablage und einen effektiven Umgang mit E-Mails. All das sind wichtige Voraussetzungen für den Sprung auf der Karriereleiter – du wirst schon sehen!

Organisation fängt auf dem Schreibtisch an

Ein aufgeräumter Schreibtisch ist der erste Schritt zum Erfolg. Glaubst du nicht? Dann sieh dir mal die Schreibtische der Topmanager an! Wenn dein Tisch schon jetzt aussieht wie der von Josef Ackermann, kannst du dieses Kapitel getrost überspringen. Für alle anderen gilt: Lesen – machen – besser fühlen.

Die meisten Topmanager haben einen Schreibtisch, auf dem nur das Nötigste steht: ein Computer und ein Telefon. Auch Hollywood-Filme suggerieren: Ein großer, leerer Schreibtisch vor einer riesigen Fensterfront mit Blick über die Stadt ist das Symbol für Macht, Geld und Erfolg. Doch vom chaotischen Studentenschreibtisch bis zum aufgeräumten Managermöbel scheint es ein weiter Weg zu sein. Ist das die Mühe überhaupt wert? Ich sage: Ja! Ein aufgeräumter Schreibtisch hilft dir, auch in stressigen Zeiten nicht den Überblick zu verlieren, wichtige Unterlagen immer zu finden und schnell auf Anfragen reagieren zu können.

VOLKER DAVIDS, PERSONALER, COACH & IMPULSGEBER: »Eine ordentliche Umgebung hilft mir, mich zu beruhigen, gerade bei hohem Arbeitsaufkommen. Abends den Schreibtisch aufzuräumen ist für mich deshalb schon Routine.«

Außerdem: Wenn dir Erfolg wichtig ist und du schnell die Karriereleiter hochklettern willst, solltest du deinen Vorgesetzten immer einen ordentlichen Schreibtisch präsentieren. Denn die schließen von deinem Tisch auf deine Leistung und deine Zuverlässigkeit. Führungskräfte verschiedener Länder bevorzugen Mitarbeiter mit aufgeräumten Schreibtischen; einige von ihnen würden unordentlichen Mitarbeitern sogar eher kündigen als Mitarbeitern mit aufgeräumten Schreibtischen! Logisch: Wie in vielen anderen Situationen im Leben auch schließen sie vom Äußeren auf das Innere – und im Berufsleben ist Struktur und Ordnung vor allem in unseren Breitengraden häufig ein Pluspunkt. Es könnte daher auch strategisch sinnvoll sein, den

Schreibtisch in Schuss zu bringen. Du siehst: Ordnung lohnt sich auf jeden Fall (auf einige wenige Situationen, in denen das Gegenteil der Fall ist, gehe ich später noch ein)!

Zahlen, die für Ordnung sprechen

Was meinst du, wie viel Arbeitszeit du damit verbringst, Unterlagen zu suchen? Und wie viel Zeit geht drauf dafür, dass dir entweder wichtige Informationen fehlen oder du viel zu viele hast? Du wirst es nicht glauben: Zehn Prozent ihrer gesamten Arbeitszeit verbringen Arbeitnehmer im Durchschnitt mit dem Suchen und Filtern von Informationen. Bei einer 40-Stunden-Woche sind das vier Stunden pro Woche. 240 Minuten, in denen du effektiv arbeiten könntest – oder einfach nur entspannter.

Um zu verhindern, dass ihre Unordnung sie zu viel Zeit kostet, hat sich der ehemalige Chef von Toyota für seine Mitarbeiter in der Produktion die »5S-Methode« überlegt:

- **Seiri**
  bedeutet im Japanischen so viel wie sortieren oder schlichtweg ausmisten. Es gilt, knallhart zu unterscheiden: Brauchst du diesen oder jenen Gegenstand noch, oder kann er in den Müll?

- **Seiton**
  heißt systematisieren: Alles hat seinen festen Platz.

- **Seiso**
  bedeutet Sauberkeit. Natürlich sollte dein Arbeitsplatz immer gereinigt sein.

- **Seiketsu**
  sind die Standards. Sie helfen dir, die einmal hergestellte Ordnung auch zu erhalten. Dazu brauchst du aber auch eine ordentliche Portion ...

- **Shitsuke**
  – Selbstdisziplin. Auch wenn du am Anfang immer wieder in alte Verhaltensmuster zurückfällst: Bleib dran!

Viele Unternehmen nutzen diese Methode schon in der Produktion. Mittlerweile haben aber auch Schreibtischtäter die Technik für sich entdeckt. Die Vorteile: Nicht nur das lästige Suchen fällt weg, die 5S wirken sich auch gut auf das Arbeitsklima aus. Die Mitarbeiter empfinden insgesamt größeres Wohlbefinden, mehr Motivation und Spaß im Job.

Du möchtest auch einen ordentlichen sauberen Schreibtisch für dein persönliches Wohlfühlklima haben? Im folgenden Abschnitt verrate ich dir, wie du damit startest.

Ein Nachmittag gegen das Chaos

Dein Schreibtisch gleicht aktuell einer WG-Küche nach der letzten Party? Aufräumen steht schon lange auf deiner Agenda, aber dann sind andere Dinge immer wichtiger? Wer kennt das nicht?! Das Rezept gegen das ewige Aufschieben: Nimm dir einen Nachmittag Zeit, um an deinem Platz Ordnung zu schaffen. Block dir die Zeit in deinem Kalender und behandle diesen Termin, als wäre er ein wichtiges Kundenmeeting. So stellst du sicher, dass du ihn auch wirklich einhältst.

Bevor dein Aufräum-Nachmittag losgeht, sorg dafür, dass du alles hast, was du brauchst: genug Ordner, Locher und Tacker, Ablagekörbe und eine große Kiste für Papiermüll. Außerdem dürfen Kaffee, Schokolade und Kekse nicht fehlen – eben alles, was dir diesen besonderen Termin versüßt.

Am besten startest du, indem du deinen Schreibtisch einmal komplett freiräumst, bis du die blanke Tischplatte vor dir hast. Je nachdem, wie lange die letzte Freilegungsaktion her ist, ist es empfehlenswert, jetzt auch mal einen Lappen zu nehmen und den

Tisch von Staub, Kaffeebecherrändern und Krümeln zu befreien. Aber Achtung: Statt danach alles wieder irgendwie auf dem Schreibtisch anzuordnen, nimmst du jetzt einmal alles kritisch in die Hand und beantwortest für jedes Papier, jede Mappe und jeden Stift die folgenden Fragen: Wie häufig brauche ich diesen Gegenstand? Zu welchem Vorgang gehört dieses Papier? Ist es überhaupt noch aktuell?

Der Spaß beginnt: Kannst du dich trennen?

Jetzt kommt der spaßige Teil: AUSSORTIEREN. Dein Schreibtisch wird von allem befreit, was veraltet ist und nicht täglich gebraucht wird. Wirklich von allem (okay, abgesehen von Muttis Glücksbringer und dem Bild deiner Nichte – etwas Nippes ist erlaubt, solange es gut für's Wohlbefinden ist und nicht zu viel Raum einnimmt)!

JOHANNA LUDWIG, WISSENSCHAFTLICHE MITARBEITERIN: »Dinge zu entsorgen ist total befreiend – alle sechs Monate entferne ich von meinem Schreibtisch, was ich nicht brauche. Da gibt es keine Ausrede à la ›vielleicht könnte ich das noch gebrauchen‹!«

Papiere und Unterlagen, die du nicht täglich brauchst, werden in einem Regal, Sideboard oder Schrank abgelegt – natürlich ordentlich abgeheftet in einem Ordner. Am besten sortierst du sie direkt nach Projekt (pro Projekt ein Ordner), Ansprechpartner (alphabetisch) und Datum (die aktuellsten nach vorne). Dabei gilt: Je häufiger du die Unterlagen brauchst, desto näher bei deinem Arbeitsplatz sollten sie stehen. Und wenn du das Gefühl hast, ein Papier nie wieder zu benötigen, wirf es direkt in den Papierkorb. Du sammelst Flyer, Broschüren und Visitenkarten? Weg damit! Entweder digitalisierst du die Visitenkarten und machst dir Notizen zum Rest, sodass du die Infos online wiederfindest, oder du findest dafür festgelegte Aufbewahrungsorte in deinem Büro. Für Visitenkarten gibt es zum Beispiel Rollkarteien oder schöne Kistchen, in die du sie alphabetisch einsortieren kannst. Flyer und Broschüren heftest du am besten ab und sortierst sie nach Dienstleistung, Produkt oder Inhalt.

JULIA HENKER, HR MANAGER: »Mein Schreibtisch ist eigentlich immer aufgeräumt und relativ leer – etwas anderes außer einem Locher, einem Kalender und Post-its hat da nichts verloren.«

Das Gleiche gilt für Gegenstände wie Taschenrechner, diverse Stifte, Heftklammern, Scheren und so weiter. Was du nicht täglich brauchst, hat auf deinem Schreibtisch nichts verloren (wie gesagt, das gilt nicht für wenige kleine Dinge, die dich glücklich machen). Bestimmt gibt es einen Ort in der Nähe, wo all diese Dinge genauso gut aufgehoben sind: der Taschenrechner im Regal, die Stifte in einem schönen Stifthalter, die Heftklammern in einem Kästchen in der Schublade und die Schere bei Klebestiften und Schmierpapier im Schrank. Wenn du dann auch noch kurz aufstehen musst, um sie zu erreichen: wunderbar! Zu viel sitzen ist sowieso ungesund.

Aufgeräumter Schreibtisch = aufgeräumter Kopf!

Fertig mit der Aufräumaktion? Die ersten drei S – Seiri, Seiton und Seiso – sind damit erledigt. Merkst du, wie toll es sich anfühlt, sich von all diesem Kram zu befreien? Wie ein Friseurbesuch, auf den man vier Wochen zu lang gewartet hat, oder ein Kleiderschrank, in den jetzt endlich wieder neue Sachen passen – findest du nicht? Den ersten wichtigen Schritt hast du damit erledigt – jetzt besteht die Kunst darin, die neu geschaffene Ordnung auch aufrechtzuerhalten.

BIRGIT BERNDT, DIPLOM-PSYCHOLOGIN: »Wenn im Außen sortiert wird, findet auch meist im Inneren alles seinen Platz.«

Und so erhältst du die Ordnung

Sicherlich wirst du in den ersten Tagen und Wochen die neue Ordnung in mancher Hinsicht anpassen müssen. Du merkst, dass du den roten Stift doch häufiger brauchst, als gedacht; dass du die Mappe zu deinem wichtigsten Projekt immer links (und nicht rechts) suchst; dass du das Telefon lieber in der linken Hand hältst, um mit rechts zu schreiben … Sei sensibel für all diese Kleinigkeiten und passe die Ordnung an deine Bedürfnisse an. Irgendwann hast du dann den Idealzustand erreicht, der für dich zum Standard (= Seiketsu) werden kann. Damit das gelingt und du nicht Stück für Stück wieder ins Chaos abgleitest, lege regelmäßige Zeitpunkte fest, um aufzuräumen.

BIRGIT BERNDT, DIPLOM-PSYCHOLOGIN: »Für mich gilt die Regel, dass ich alles, was ich einmal in die Hand genommen habe, gleich richtig zuordne oder aussortiere. Das heißt, dass beispielsweise alle Post, die an einem Tag reinkommt, gleich im richtigen Ordner abgeheftet oder weggeschmissen wird. Man spart viel Zeit, wenn man etwas nicht noch ein zweites oder drittes Mal in Händen hält und erneut überlegt, was damit zu tun ist. Einmal im Monat räume ich dann meine Ordner, das Mailpostfach und meinen Desktop auf.«

Vielleicht ist es für dich gut, das täglich vor Verlassen des Büros zu tun, vielleicht reicht es einmal am Ende der Woche. Oder du startest die neue Woche gern mit einer Aufräumaktion – hier ist alles erlaubt, was für dich funktioniert. Wichtig ist nur, dass ein Ritual daraus wird.

JULIA HENKER, HR MANAGER: »Abends hinterlasse ich nie Chaos – nicht nur, weil die Putzfrau sonst nicht putzt. Mir hilft das, den Arbeitstag zu beenden und meine Aufgaben für den nächsten Tag zu sortieren.«

Der Schlüssel hier ist Regelmäßigkeit, neben einer gehörigen Portion Shitsuke, also Selbstdisziplin – das spart langfristig viel Zeit und Nerven.

Darf es ein bisschen kreativer sein?

Wie schon angedeutet, kann etwas Unordnung in einigen wenigen Situationen sinnvoll sein. Das haben Forscher der Carlson School of Management herausgefunden: In einem Kreativitätstest schnitten die Versuchspersonen besser ab, die sich in einem unordentlichen Raum aufhielten. Was also tun: Im Chaos leben und, frei nach Albert Einstein, durch Genialität darin bestehen oder doch besser Ordnung schaffen wie Omas Liebling? Wie so oft im Leben macht's auch hier die Mischung. Klar strukturierte Aufgaben wie die Jahresbilanz oder Suchmaschinenoptimierung machst du am besten am aufgeräumten Schreibtisch. Kreative Aufgaben wie zum Beispiel das Texten von Headlines oder den Entwurf eines Logos kannst du gut auch an unordentlicheren Plätzen machen – da können sich die Gedanken besonders gut entfalten.

Und wenn du, so wie die meisten, sowohl kreativ als auch strukturiert arbeiten musst? Auch das ist kein Problem. Mach dir einfach bewusst, in welchem Prozess du gerade bist und was du gerade brauchst, um gut zu arbeiten. Ideal ist es, wenn du zwei Plätze zur Verfügung hast: einen für strukturierte Arbeit, einen für Kreativität. Vielleicht gibt es ein Stehpult, das du für eines von beiden nutzen kannst? Oder es gibt einen Bereich im Unternehmen, wo deine Kreativität besonders angeregt wird? Vielleicht kannst du auch für ein paar Stunden den Konferenzraum nutzen und dich da ausbreiten.

Wenn eine räumliche Trennung nicht möglich ist, können Kreativitätstechniken helfen, die du sonst nicht nutzt. Beim Mindmapping beispielsweise schreibst du das zentrale Thema auf ein weißes Blatt und leitest dann davon alle Aspekte ab, die dir dazu einfallen. Dieses Assoziieren hilft dir, dein kognitives Potenzial voll auszunutzen. Eine andere Methode ist das Brainstorming: Hierbei schreibst du erst mal alles auf, was dir einfällt, zum Beispiel wenn du einen Namen für ein neues Produkt finden willst. Erst im zweiten Schritt betrachtest du deine Ideen, bewertest und sortierst aus (noch besser funktioniert das in einer größeren Gruppe). Manchmal reicht es auch aus, mal eine Runde zu drehen: Spazierengehen, auch wenn es nur durch die Büroflure ist, regt nicht nur während des Gehens die Kreativität an, sondern sorgt auch danach noch für gute Einfälle.

Egal, welche Methode du nutzt: Du wirst sehen, so kommst du zu ganz neuen Erkenntnissen. Du kommst deiner Kreativität Schritt für Schritt auf die Spur, wenn du verschiedene Methoden ausprobierst. Vergiss nur nicht, hinterher wieder zur Ordnung zurückzukehren – denn die ist und bleibt die halbe Miete!

Auch ein Desktop ist ein Tisch

Genauso wichtig wie die physische Ordnung ist die digitale. Trotzdem sieht man immer wieder Desktops, auf denen nicht nur sämtliche Verknüpfungen, sondern auch einzelne Dateien abgelegt sind. Früher oder später blickt da keiner mehr durch – deswegen solltest du von Anfang an mit System arbeiten!

Stell dir so einen Desktop mal bildlich vor: Unten siehst du eine Taskleiste, meistens befinden sich rechts darin die Uhrzeit und das Datum sowie sämtliche Benachrichtigungen. Links findest du Programme, die dort zum Schnellzugriff platziert sind. Über den Desktop verteilt findest du Icons. Das sind entweder Verknüpfungen zu Programmen oder einzelne Dokumente. Wenn es nicht zu viele sind, siehst du vielleicht sogar noch ein (mehr oder weniger) schönes Hintergrundbild. Trifft das so in etwa den Anblick, der dich erwartet, wenn du morgens deinen Computer hochfährst? Gut. Um deinen Desktop zu pimpen und eine digitale Ordnung herzustellen braucht es nur ein paar Tricks.

1. Wichtige Programme in die Taskleiste

Programme, die du täglich benutzt, ziehst du dir am besten in die Taskleiste. Dort kannst du sie auch sortieren. Am besten legst du die Icons, die du nur einmal am Tag oder seltener anklickst, nach außen. Meistens bewegt sich der Mauszeiger ja doch irgendwo im mittleren Bereich des Bildschirms oder kommt da zumindest schneller hin als nach ganz außen. Die Verknüpfung auf dem Desktop kannst du dann löschen (an alle Unwissenden: Nein, dadurch löscht man nicht gleich das Programm). Programme, die du nicht in die Taskleiste legst, findest du auch im Startmenü, du musst sie also nicht auf dem Desktop lassen – schon gar nicht, wenn du sie nur einmal im Jahr benötigst!

2. Ordner für einzelne Dokumente

Wenn du unbedingt einzelne Dateien auf dem Desktop ablegen musst, dann wenigstens in Ordnern. Aber nicht ohne ein System.

3. System

Überlege dir eine für dich sinnvolle Struktur. Vielleicht legst du je einen Ordner an für alle Dateien einer Art, oder du sortierst die Dateien nach Themen, Wochen oder Monaten. Genauso kannst du deine Dokumente aber auch danach sortieren, was du mit ihnen noch zu tun hast (lesen, erledigen, ausdrucken …).

JULIA HENKER, HR MANAGER: »Mein Desktop ist ganz leer, ich habe nur einen persönlichen Ordner darauf. Alles andere lege ich nach einem ganz bestimmten System auf dem Laufwerk ab. So finden auch andere schneller die Dokumente, das spart viel Zeit, wenn man mit mehreren Personen an einem Thema arbeitet.«

4. Noch mehr System!

Das Gleiche gilt natürlich auch für den Rest deiner digitalen Ablage, nicht nur für den Desktop. Auch hier musst du Unterlagen schnell finden können, und das gelingt dir am besten, wenn du weißt, wo du zu suchen hast.

TIMM KUHLMANN, TALENT-WERKER: »Wenn Kunden anrufen und eine Frage haben, muss ich schnell Zugriff auf die relevanten Infos haben. Ein gutes Ablagesystem (analog wie digital) ist da ein Muss.«

In den meisten größeren Unternehmen gibt es zentrale Server, auf denen die Dokumente abgelegt werden. Kleinere Unternehmen arbeiten vielleicht mit Dropbox oder anderen Cloud-Services. Gerade wenn du an Dokumenten arbeitest, die auch für andere relevant sind, solltest du schnell herausfinden, welche Regeln zur Dateibenennung gelten. Und wenn es noch kein System gibt, erfinde eins – zumindest für deine eigenen Dateien.

NINA SCHWARTZ, PERSONALREFERENTIN: »Mein Tipp für die Dokumentenablage: Immer mit dem Datum ablegen. Also: 20150105_ Dokumententitel. So ordnen sich die Dokumente automatisch chronologisch, und du behältst leicht den Überblick.«

5. Virtuelle Desktops:

Wenn dir trotz aller Ablagesystematik ein Desktop nicht reicht, kannst du virtuell weitere Desktops hinzufügen. Auch dabei solltest du dir genau überlegen, wie du sie strukturieren kannst: thematisch, nach Prioritäten, beruflich und privat …. Überlege dir aber, bevor du deine Unordnung von einem Desktop auf fünf verteilst: Räumst du damit wirklich auf? Oder schiebst du nur Icons hin und her? Geht es wirklich nicht anders?

6. Schön sollte es sein!
Egal, mit wie vielen Desktops du letztendlich arbeitest – das
Hintergrundbild solltest du gern anschauen wollen. Du findest online eine unendliche Auswahl von stilvoll gestalteten
Hintergrundbildern, viele davon kannst du gratis downloa-
den. Es muss ja nicht immer das Bild von deinem Schatzi
sein …

NINA SCHWARTZ, PERSONALREFERENTIN: »Der Desktop sollte, gerade
wenn du häufiger präsentierst, frei von privaten Hintergrundbildern sein. Sonst wird die Erinnerung an den letzten Urlaub
mit dem Liebsten schnell mal peinlich …«

7. Ordnung vorprogrammiert:
Du kannst auch dein Hintergrundbild nutzen, um ein digitales
Ablagesystem zu realisieren. Unter dem Stichwort »*Desktop
Organizer Backgrounds*« findest du im Netz einiges an Auswahl. Das Hintergrundbild selbst beinhaltet dann Felder wie
beispielsweise »Noch erledigen«, »Nicht vergessen« oder »Ablage«. Du kannst natürlich auch selbst kreativ werden und deinen ganz eigenen Desktop-Hintergrund designen – dann passt
er ganz genau zu deinen Bedürfnissen.

Wie für deinen Schreibtisch solltest du auch für deinen Desktop
und deine digitale Ablage immer mal wieder ein paar Minuten
zum Aufräumen einplanen. Merke: Je konsequenter du ablegst,
desto weniger Zeit brauchst du zum Sortieren.

So bewältigst du die tägliche E-Mail-Flut

Briefe schreibt heute eigentlich kaum noch jemand. Wozu auch? E-Mails sind schließlich schneller geschrieben, schneller beim Empfänger und in der Regel auch schneller beantwortet. Das ist toll, erzeugt aber auch eine große Menge an Schriftverkehr, die schnell mal stressen kann. Wie du das vermeidest, lernst du jetzt.

(Fast) jeder Mensch ist regelrecht süchtig nach News – klar, dass man dann auch jedes Mal, wenn das Mailprogramm plingt, kontrolliert, wer da was geschrieben hat. Nachdem man dann die E-Mail gelesen oder überflogen hat, widmet man sich wieder der eigentlichen Aufgabe, an der man davor noch gearbeitet hat. Kommt dir das bekannt vor? Gehörst du auch zu den Leuten, die ihre »Pausen« damit verbringen, den Posteingang zu scannen? Mal abgesehen davon, dass du dich damit selbst betrügst (denn eine Pause, in der du E-Mails checkst, ist keine entspannende Auszeit): Produktiver wirst du damit auch nicht. Es gibt ein paar einfache Regeln, um die tägliche E-Mail-Flut effizient zu bewältigen.

Einmal lesen und entscheiden

Nach Möglichkeit solltest du deinen Posteingang nur öffnen, wenn du wirklich damit arbeiten willst. Das heißt konkret: Wenn du mindestens zehn Minuten Zeit hast, die eingegangenen E-Mails zu scannen und zu entscheiden, was damit zu tun ist. Das Ziel sollte sein, die E-Mails nur einmal zu lesen, statt sie beim ersten Mal zu überfliegen, beim zweiten Mal zu denken »Ach ja, daran muss ich auch noch denken« und erst beim dritten Mal wirklich darauf zu reagieren.

Besser (und zeitsparender) ist es, du liest die E-Mail einmal gründlich und legst fest, wie es mit ihr weitergeht. Wenn du sie in weniger als fünf Minuten beantworten kannst, tu das. Wenn du dafür mehr Zeit brauchst und die Zeit im Moment nicht hast, mach eine Aufgabe daraus und schreib es dir auf deine To-do-Liste, damit du später daran denkst. Wenn du die E-Mail jedoch nur zur Kenntnis nehmen sollst und keine Reaktion notwendig ist, lege sie in einem entsprechenden Ordner ab.

VOLKER DAVIDS, PERSONALER, COACH & IMPULSGEBER: »Viele Mails überfliege ich nur: Ist das für mich wirklich wichtig oder relevant? Wenn nicht, lege ich es sofort ab. Wenn ja, versuche ich, möglichst schnell darauf zu reagieren.«

Ganz strukturiert kannst du deinen Posteingang abarbeiten, wenn du dir feste Zeiten dafür terminierst, beispielsweise morgens, mittags und kurz vor Feierabend. In den seltensten Jobs reicht das aber aus. Um der Versuchung trotzdem zu widerstehen, aufpoppende E-Mails gleich zu lesen und damit immer wieder aus der Arbeit gerissen zu werden, kannst du die Übermittlungseinstellungen in deinem E-Mail-Programm so anpassen, dass E-Mails nur noch alle 30 Minuten oder noch seltener abgerufen werden. Dabei kommt es natürlich darauf an, ob das in deinem Job möglich ist oder ob du, wie zum Beispiel im Kundensupport, schnell reagieren musst.

Den Posteingang frei halten

Du solltest deinen E-Mail-Eingang wie deinen analogen Briefkasten behandeln: Da legst du die Briefe ja auch nicht mehr rein, wenn du sie gelesen hast, oder? Stattdessen sortierst du die Briefe (früher oder später) in die entsprechende Ablage. Um die E-Mails an der richtigen Stelle abzulegen, brauchst du Unterordner, in die du sie verschieben kannst. Hier kommt es darauf an, ein System zu finden, das für dich und deinen Job passt. Sinnvolle Unterordner können zum Beispiel sein: Kunde XY, Chef, Projekt ZZ, Veranstaltungen, Netzwerk, Rechnungen … Gerade am Anfang kannst du noch nicht wissen, welche Ordner sinnvoll sind. Kollegen aus deinem Team oder dein Vorgänger geben dir dazu bestimmt gerne ein paar Tipps. Einen Ordner solltest du auf jeden Fall haben: BEARBEITEN. Da kannst du alle E-Mails zwischenlagern, deren Bearbeitung mehr als fünf Minuten in Anspruch nimmt.

Nicht ständig das Gleiche schreiben

Gerade als Berufsanfänger überlegt man ja noch ziemlich lange, wie man seine E-Mails am besten formuliert. Dafür geht viel Zeit drauf, vor allem, wenn du immer wieder von vorn anfängst. Manche Phrasen schreibt man immer und immer wieder: In Projekten schilderst du unterschiedlichen Dienstleistern den (immer gleichen) aktuellen Stand; wenn du noch neu im Unternehmen bist, wird auch deine eigene Vorstellung immer gleich oder ähnlich ausfallen. Diese Tatsachen kannst du nutzen! Indem du dir Vorlagen anlegst oder Textbausteine an zentraler Stelle abspeicherst und sie dann nur noch in die Mail kopieren musst, kannst du eine Menge Zeit sparen. Aber Achtung: Achte darauf, dass du die Formatierung anpasst. Wenn der Empfänger merkt, dass er nur eine aus Textbausteinen zusammengestückelte E-Mail kriegt, entsteht bei ihm ein schales Gefühl. Bei allem Copy & Paste musst du immer darauf achten, dass die E-Mail am Ende wie aus einem Guss wirkt. Übrigens: Eine Grußformel, die in keiner E-Mail fehlen sollte, kannst du auch direkt in deine Signatur einfügen.

Ein paar Worte zur Netiquette

Neben dem Organisatorischen gibt es noch ein paar Dinge zu berücksichtigen, die die inhaltliche Kommunikation via E-Mail betreffen.

- **BRÜLL DEIN GEGENÜBER NICHT AN!**
  Alles in Großbuchstaben zu schreiben ist auf Facebook vielleicht in Ordnung, in einer E-Mail haben Großbuchstaben aber nur am Satzanfang, im »Sie« und »Ihnen« und in Substantiven was zu suchen. Sonst entsteht schnell das Gefühl, du würdest den Inhalt deiner Mail schreien wollen.

- **Smiley's, LOL & Co.**
  solltest du am Anfang sparsam bis gar nicht einsetzen. Jede Branche und jedes Unternehmen tickt da anders, und bevor du deine Umwelt zuLOLst, solltest du erst mal herausfinden, ob das in deinem Umfeld gängig ist und verstanden wird. Generell kannst du davon ausgehen, dass ein lockerer Umgangston in Start-ups eher in Ordnung ist als in Großkonzernen.

- **Das A & O**
  in E-Mails ist eine vernünftige Anrede und eine ordentliche Grußformel. Nur wenn du mit deinen Kollegen die E-Mails als Messenger benutzt, kannst du darauf verzichten. Ansonsten: Begrüß dein Gegenüber je nach Beziehung mit »Liebe/r«, »Sehr geehrte/r«, »Hallo« oder »Guten Tag« und hinterlasse am Ende »Viele«, »Herzliche«, »Freundliche« oder »Sonnige« Grüße.

- **Anhänge**
  sollten nicht größer sein als 0,5 MB. In manchen Firmen kommen E-Mails mit größeren Anhängen gar nicht beim Adressaten an.

- **Bring auf den Punkt,**
  was du sagen willst. Deine E-Mails sollten kurz und knackig sein – du hast ja schließlich auch keine Lust, Romane zu lesen, oder? Zu kurz solltest du dich aber auch nicht halten, der Sachverhalt muss klar werden.

- **Betreff: unklare Aussage, die keiner versteht**
  – so etwas solltest du vermeiden. Damit auch der Empfänger deiner Nachricht schnell entscheiden kann, wie er mit der E-Mail verfährt, sollte der Betreff darüber schon möglichst viel Auskunft liefern. Deutlich wird er zum Beispiel durch die Zusätze »fyi« (= »keine Handlung erforderlich, aber informativ«), »Bitte um Rückmeldung« (= »ich erwarte dein Feedback«), »Nachfrage« (= »Ich brauche deine Info«) oder Ähnliches. Jedes Unternehmen hat da seine eigene Sprache, der du dich schnell anpassen solltest.

- **Cc und Bcc**
  Diese Funktion solltest du sparsam einsetzen. Auch deine Kollegen kriegen schließlich schon genug E-Mails pro Tag – also erspar ihnen irrelevante Infos. Wenn du unsicher bist, ob die jeweilige Information nur für dich oder auch für andere Kollegen relevant ist, frag einen Kollegen.

Fazit

Gute Organisation fängt auf dem Schreibtisch an, hört auf dem Desktop nicht auf und sollte sich auch in deinem Umgang mit E-Mails wiederfinden. Das spart nicht nur ziemlich viel Zeit, sondern auch einiges an Nerven – nicht nur bei dir, sondern auch bei deinen Kollegen. Und um die kümmern wir uns jetzt.

6.

TEAM =
Toll, ein anderer macht's?

Teamfähigkeit wird in fast allen Stellenanzeigen gefordert. Nicht ohne Grund, denn in den allerwenigsten Jobs ist man heute noch ein absoluter Einzelkämpfer. Im Gegenteil: Es gibt überall Teams, und ihre Meetings sind an der Tagesordnung. Zu einem erfolgreichen Selbstmanagement gehört also auch die Fähigkeit, gut in einem Team arbeiten zu können. Damit Teams funktionieren, müssen Regeln beachtet und Gegenmeinungen akzeptiert werden – was manchmal nicht ganz so einfach ist. Aber zusammen erreicht man mehr, das ist der große Gewinn von Teams.

Es kann sein, dass du in einem Team gelandet bist, das du vorher nicht kanntest. Und jetzt sind in deinem Team auch Leute, die du dir da nicht unbedingt gewünscht hättest? Tja, miteinander arbeiten müsst ihr trotzdem. Da ist es hilfreich zu wissen, wie dein Team tickt, welche Phasen es durchmacht und welche Rollen es darin gibt, die immer besetzt sind. Im zweiten Abschnitt lernst du außerdem, was du gegen zeitfressende, sinnlose Meetings tun kannst. Und last, but not least erfährst du, wie du ein tragfähiges Netzwerk aufbauen kannst, das dir im Zweifelsfall nicht nur den nächsten Job beschert (falls es im Team so gar nicht klappen will), sondern dir auch sonst äußerst nützlich sein kann.

Kollegen sind nicht immer Freunde – wie Kooperation trotzdem gelingt

Im Job kannst du dir nicht aussuchen, mit wem du zusammenarbeitest. Manchmal treffen da Welten aufeinander. Auch wenn ihr vom ersten Tag an per Du seid, wirst du wahrscheinlich nicht mit allen Kollegen befreundet sein wollen. Trotzdem muss das Team irgendwie funktionieren. Hier lernst du, was es dabei zu berücksichtigen gibt.

Teamarbeit kann eine echte Qual sein: Da hat man es mit Menschen zu tun, die tun und lassen, was sie wollen – und nicht, was das Richtige ist. Denkt man zumindest immer. Wenn man Pech hat, hockt man jeden Tag acht Stunden mit Kollegen zusammen, mit denen man freiwillig bestimmt kein Bier trinken geschweige denn einen Großteil seiner Zeit verbringen würde. Aber das kann man sich im Job eben nicht aussuchen. Wer einmal als strukturiert und zuverlässig arbeitender Student mit anderen in einer Lerngruppe gelernt (oder es zumindest versucht) hat, weiß, wovon ich rede. Aber im Job ist das noch einmal viel brisanter. Da geht's ja auch um mehr, nicht selten auch um Geld, das man in den Sand setzen kann. Zum Traumjob gehört manchmal auch der ungeliebte Kollege oder das Team, das deiner Meinung nach fürchterlich ineffizient arbeitet – damit musst du klarkommen.

Na klar bin ich teamfähig! Oder?

Was ist Teamfähigkeit überhaupt? Kann man das trainieren? Und wie kriegt man es hin, dass am Ende der Teamarbeit das Ergebnis stimmt? Diese und noch weitere Fragen habe ich dem Geschäftsführer der TEAMWORKS GTQ GmbH und Autor Thorsten Visbal aus Hamburg im folgenden Interview gestellt.

Ist jeder Mensch teamfähig?

Nein, nicht jeder. Manche können nicht, andere wollen nicht. Vielen fällt es schwer, mit anderen Menschen umzugehen. Für andere ist es auch einfach nicht relevant, mit ihren Kollegen zu kooperieren, weil jeder an seinem eigenen Projekt arbeitet.

Welche Vorteile hat Teamarbeit?

Eins plus eins kann drei ergeben. Durch unterschiedliche Blickweisen können neue Impulse entstehen, die Projekte oft Monsterschritte nach vorne bringen. Dafür braucht es aber die entsprechende Haltung: hinhören und offen sein. Wenn sich jeder auf seine Stärken konzentriert und die im Team genutzt werden, kann man Großes erreichen.

Und was sind die Schwierigkeiten in Teams, insbesondere für Berufseinsteiger?

In allen Unternehmen gibt es bestimmte Regeln, die sehr offensichtlich sind: zum Beispiel in Form einer Stechuhr, bestimmter Mittagszeiten und den einzelnen Arbeitsverträgen – das ist dann sehr formell und standardisiert. Aber es gibt auch informelle Regeln, die manchmal sogar stärker sind als die formellen Regeln. Neben der formellen Hierarchie und dem formellen Chef gibt es beispielsweise Menschen, die hierarchisch höher positioniert sind als andere, etwa weil sie mal einen großen Pitch gewonnen haben, die Ältesten oder besonders vertraut mit allen Teammitgliedern sind. Das Schwierige für Neueinsteiger ist: Das sieht man nicht auf den ersten Blick. Und im Zweifelsfall können sie genau deswegen ziemlich schnell vor eine Wand laufen. Ich gebe dir mal ein Beispiel: Du lädst die Kollegen zum Einstieg auf einen Sekt ein. In manchen Unternehmen ist es absolut okay, mal ein Gläschen am Vormittag zu trinken – in anderen ist es strikt verboten und führt direkt zur Kündigung. Als Berufseinsteiger solltest du diese informellen Regeln möglichst schnell herausfinden und dich darauf einstellen.

Wie kann ein Neuling diese informellen Regeln des Teams kennenlernen?

Geh ganz interessiert und offen durchs Unternehmen, ohne zu bewerten. Stell viele Fragen. Kollegen oder auch Mentoren können dir sagen, was von dir erwartet wird und auch, was dir auf gar keinen Fall passieren darf in dem Unternehmen. Entwickle ein gutes Gespür für das System, in das du kommst, und fang nicht gleich an, alles verändern zu wollen.

Ganz konkret: Wie sollte sich ein Berufseinsteiger im ersten Teammeeting verhalten?

Erst mal zurückhalten. In allen Teammeetings gibt es bestimmte Strukturen und Rollen: Der Vielredner, der Besserwisser, der Gegenredner ... Wenn du jetzt als Neueinsteiger gleich Monologe hältst, kommt das nicht gut an. Konzentriere dich lieber darauf, gute Fragen zu stellen: »Wie ist das genau gemeint?«, »Können Sie den Zusammenhang nochmal darstellen für mich als Neuling?« oder »Was darf nicht passieren?«. Damit zeigst du Interesse am Unternehmen, an der Abteilung und am Team. Achte auch auf deine Körpersprache: Sie sollte signalisieren »Hey, ich bin dabei, ich stehe in den Startlöchern«. Also keine verschränkten Arme und ein freundliches Gesicht. Manchmal sagt ein Lächeln mehr als 1000 Worte.

Stichwort Positionierung im Team: Wie gelingt mir das als Berufseinsteiger?

Dazu fallen mir fünf Aspekte ein: Zunächst einmal solltest du die Bereitschaft zeigen, mit anderen Menschen zusammenarbeiten zu wollen. Das ist meiner Meinung nach die Basis, denn dazu gehört auch, andere Meinungen und Sichtweisen zu akzeptieren und verbindlich zu sein. Ganz entscheidend ist auch deine Haltung. Deine Einstellung sollte sein: »Ich höre hin und bin offen für die Meinungen anderer. Jeder im Team kann was Wertvolles beitragen.« Darüber hinaus bin ich auch ein Fan von Strukturiertheit, denn sie hilft dir, klar und deutlich auf den Punkt zu bringen, was dir wichtig ist. Da steckt auch schon der nächste Aspekt drin: Kommunikationsfähigkeit. Last, but not least ist auch die Fähigkeit sich selbst zu reflektieren, wichtig, um sich gut ins Team einzufinden.

Wie kann ich denn diese Haltung, die du beschreibst, trainieren?

Erst mal kann man sich von Vertrauenspersonen ein Feedback zu den eigenen Stärken und Schwächen einholen – und zwar nicht einmal, sondern regelmäßig. Dazu kann man auch stehen, schließlich hat jeder Stärken und Schwächen! Im Team kann man die Unterschiede dann nutzen, indem man sich gegenseitig ergänzt – und das gilt es auch wertzuschätzen.

Letzte Frage: Hast du ein paar handfeste Tipps, wie man die Zusammenarbeit im Team verbessern kann?

Eine gute Feedback-Kultur ist sehr wichtig. Immerhin hat man es immer mit Menschen zu tun, da läuft vieles zwischenmenschlich und unter der Oberfläche ab. Wenn dann Gedanken nicht ausgesprochen werden, die die Beziehungssuppe dauerhaft versalzen, kann das die Zusammenarbeit ganz schön belasten. Besser wäre es, sofort eine Rückmeldung zu geben, statt mit dem nächsten Kollegen über Dritte zu lästern. In vielen Unternehmen wird »Feedback geben« gleichgesetzt mit Feedback »austeilen« – und das ist, wie das Wort schon andeutet, stark negativ besetzt. Die Regeln für Feedback sind kurz zusammengefasst: kurzfristig, konkret, mit Beispielen.

Jetzt weißt du, was die Arbeit in Teams so schwer macht: das Zwischenmenschliche. Unterschiedliche Menschen kommen mit unterschiedlichen Bedürfnissen zusammen – da ist der Knall quasi schon vorprogrammiert. Wäre es nicht toll, wenn man immer schon wüsste, was das Gegenüber gerade will und wie man den Kollegen dazu kriegt, zu tun, was man selbst will?

Das 3 x 3 der Teamversteher

Meredith Belbin hat zum Thema Arbeit in Teams Forschungen angestellt. Sein Modell der Teamrollen entstand in den 1980ern und ist heute weltweit anerkannt, wenn es darum geht, Teams zu verstehen. Belbin hat analysiert, welche Persönlichkeiten in verschiedenen Teams auftauchten. Daraus hat er acht unterschiedliche Rollen definiert, später kam noch eine weitere Rolle dazu. Man kann die Rollen in drei Kategorien unterteilen: handlungs-, kommunikations- und wissensorientiert.

Handlungsorientiert	
a) Macher	Der Macher ist voller Energie und arbeitet am besten unter Druck. Nur zu gern übernimmt er Verantwortung, sorgt für eine klare Kommunikation und stellt auch mal provokante Fragen. Damit macht er sich nicht immer Freunde. Im Team sorgt er aber immer dafür, dass Aufgaben abgearbeitet werden.
b) Perfektionist	Wie der Name schon sagt: Der Perfektionist sorgt dafür, dass alles genau und pünktlich erledigt wird. Auch auf kleinste Details achtet er, und weil er panische Angst davor hat, dass etwas übersehen wird, kontrolliert er am liebsten alles selbst. Fürs Team ist er unerlässlich, weil er für die Zuverlässigkeit sorgt.
c) Umsetzer	Noch jemand, der sehr zuverlässig ist: Der Umsetzer geht systematisch vor und arbeitet effizient ab, was zu tun ist. Für ihn ist ein Plan wichtig, spontane Planänderungen mag er gar nicht. Er gibt dem Team die nötige Struktur.
Kommunikationsorientiert	
a) Teamarbeiter	Die »Mutti« eines jeden Teams: bei allen beliebt, grundsympathisch und hochgradig kommunikativ. Kennt alle, weiß (fast) alles. Harmonie ist für den Teamarbeiter das höchste Gut, mit Konflikten und klaren Positionierungen hat er so seine Probleme. Auf jeden Fall die gute Seele im Team!

b) Koordinator	Der Koordinator entscheidet gern und sehr selbstsicher. Aufgaben, auch seine eigenen, delegiert er, was ihn zu einem guten Teamleiter, aber manchmal auch unbeliebt macht. Aber er hat immer das große Ganze im Blick und achtet auf die Zielerfüllung.
c) Wegbereiter	Jemand, der extrovertiert und gesellig ist, ist der Wegbereiter. Er knüpft schnell Kontakte im Team, aber auch nach außen. Wenn er Lust hat, kann er tolle Impulse geben – aber er verliert auch schnell das Interesse und schweift ab. Für das Team ist er ein wichtiger Kontakt zur Außenwelt.
Wissensorientiert a) Beobachter	Strategisch, pragmatisch, analytisch – diese drei Worte beschreiben den Beobachter am besten. Schüchtern, wie er ist, beobachtet er das Treiben gern aus der Ferne und behält so den Überblick. Auf andere wirkt er manchmal abgehoben und desinteressiert – dabei ist seine Meinung für das Team extrem wertvoll (wenn sie denn gehört wird).
b) Spezialist	Der Spezialist ist immer gut informiert und hat von allen den wahrscheinlich höchsten Wissensstand. Seine Sprache ist häufig technisch und informativ. Er ist der Sheldon Cooper des Teams: leicht verschroben, aber professionell gesehen ein echter Gewinn.
c) Erfinder	Er findet kreative Lösungen für Probleme, vor denen andere die Segel streichen: Dem Erfinder fällt bestimmt noch was ein. Vielleicht ist es unorthodox und etwas abgedreht – innovativ ist es auf jeden Fall. Leider übersieht der Erfinder manchmal wichtige Details und macht Flüchtigkeitsfehler ... und Kritik verträgt er auch nicht. Trotzdem, seine Ideen können (!) Gold wert sein.

Du siehst: In einem Team – wahrscheinlich auch in deinem – kommen unterschiedlichste Charaktere zusammen. Sicherlich findest du den einen oder anderen deiner Kollegen in dem beschriebenen Modell wieder, oder? Wenn du weißt, welche Rolle er oder sie erfüllt, kannst du dich in Zukunft besser darauf einstellen. Übrigens: Manche erfüllen auch zwei oder mehrere Rollen, und andere Rollen sind manchmal gar nicht vertreten – so, wie die einzelnen Teammitglieder verschieden sind, ist auch jedes Team als Team individuell. Wenn du als Neuling in ein schon bestehendes Team kommst, veränderst du es auch. Denn entweder erfüllst du die (informelle) Rolle deines Vorgängers nicht hundertprozentig wie er oder sie, oder deine Stelle wurde neu geschaffen, um das Team zu unterstützen. In jedem Fall bringst du Bewegung ins Teamgefüge, und das kann auch mal knirschen.

Ein Team entwickelt sich in Phasen

Der Psychologe Bruce Tuckman hat diesen Prozess ganz anschaulich beschrieben, den Teams (mal mehr und mal weniger stark) in der Zusammenarbeit durchlaufen.

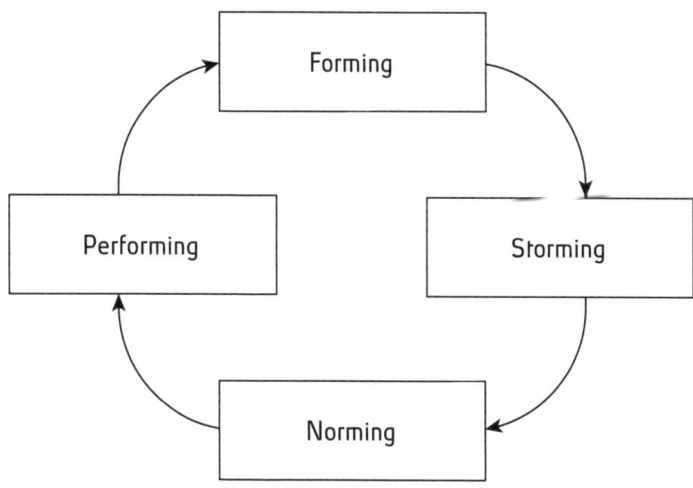

Der Teamprozess nach Bruce Tuckman

- **Forming**
  Wenn ein Team neu zusammengesetzt wird oder neue Leute dazukommen, herrscht zunächst ein höflicher Umgangston. Es beginnt ein vorsichtiges gegenseitiges Abtasten. Du erlebst das gerade vielleicht auch: Die anderen wollen erst mal herausfinden, was du für eine/r bist und wie du so tickst. Genauso musst du selbst ja auch erst mal wissen, mit wem du es da zu tun hast. Und weil deine Eltern es dir so beigebracht haben, bist du immer lieb und nett – auch wenn du schon manchmal denkst, dein Gegenüber tickt nicht ganz richtig ...

- **Storming**
  Lange geht das so nicht gut, dieses Umeinanderschleichen und Mit-Samthandschuhen-Anfassen. Irgendwann offenbaren sich die Probleme und die Stellen, an denen es hakt. Weil wir eben doch alle nur Menschen sind und unsere (ganz unterschiedlichen) Bedürfnisse befriedigen wollen. Und jeder will seinen Platz, seine Position sichern. Psychologen sagen auch: In dieser Phase werden die Individuen in all ihrer Unterschiedlichkeit sichtbar. Klar, dass es da auch mal knallen kann. Aber diese Phase ist unglaublich wichtig, denn hier wird auch deutlich, was die einzelnen Teammitglieder können und machen wollen. Ist das erstmal allen klar, kann die Zusammenarbeit umso entspannter ablaufen.

- **Norming**
  Zunächst mal werden dann Regeln festgelegt. Es wird geklärt, wer welche Rolle übernimmt, wie die Zusammenarbeit aussehen soll und wie jedes einzelne Teammitglied eingebunden wird.

- **Performing**
  Nachdem alle Standpunkte offengelegt sind und das Team sich über bestimmte Regeln verständigt hat, beginnt die intensive Arbeitsphase. Konflikte treten nur selten auf. Stattdessen arbei-

ten alle gemeinsam auf ein Ziel hin und unterstützen sich (im Idealfall) gegenseitig dabei.

Natürlich kann man diese Phasen selten in Reinform beobachten. Manchmal drehen Teams einige Schleifen oder sie verharren für längere Zeit in einer Phase. Dennoch hilft dir das Modell, mal von außen auf dein Team zu schauen und zu reflektieren, in welcher Phase ihr euch wohl gerade befindet. Denn je nachdem, was das Team gerade braucht, kannst du auch dein eigenes Verhalten steuern: Dich in der Forming-Phase schon als Moderator aufzuspielen kann ebenso falsch sein wie falsche Zurückhaltung in der Storming-Phase. Damit (d)ein Team gut funktionieren kann, braucht es dich – mit allen Stärken und Schwächen. Und nur wenn du die zeigst, bringst du das Team voran.

Checkliste: So wirst du zum Teamplayer!

Dein Team wird dich lieben, wenn ...

○ ... du ausstrahlst: »Ich hab Lust darauf, mit euch zu arbeiten!«

○ ... du gut zuhörst und Interesse zeigst.

○ ... du offen und tolerant gegenüber anderen Meinungen bist.

○ ... du weißt, was du willst – und auch, was nicht.

○ ... du deine Bedürfnisse klar kommunizierst.

○ ... du auch mal über dich selbst lachen kannst.

○ ... du anderen ein ehrliches Feedback gibst, statt hinter ihrem Rücken über sie zu lästern.

Feedback geben, Feedback annehmen

Hier noch ein paar Tipps zum richtigen Feedback (nach Gellert und Nowak): Wenn du Feedback gibst, achte auf die 3 K: kurz, konkret, konstruktiv. Wenn du Feedback kriegst, gelten die 3 Z: zuhören, zuhören, zuhören. Beim Feedback geht es darum, dass einer dem anderen seine Wahrnehmung beschreibt. Die kann sehr subjektiv sein. Und auch, wenn sie dir nicht richtig vorkommt – für denjenigen, der dir ein Feedback gibt, ist es die (subjektive) Wahrheit.

There's no business like show business: Organisation von effektiven Meetings

Kein Team ohne Meeting – aber muss das wirklich immer sein? Du kennst das vielleicht schon aus Praktika: Es gibt Meetings, die dauern eine gefühlte Ewigkeit. Wirklich ertragreich sind sie dabei nicht. Wie du verhindern kannst, dass du mit solchen Zusammenkünften deine Zeit verschwendest, zeige ich dir jetzt.

ANNA DELUWEIT, ARBEITS- UND ORGANISATIONSPSYCHOLOGIN: »Ich habe Strategiemeetings mit männlichen Führungskräften erlebt, in denen sie sich 90 Prozent der Zeit über Gasgrills und Fußball unterhalten haben.«

Solche Meetings haben wir alle schon erlebt: Der Small Talk will nicht enden, immer wieder schweifen die Teilnehmer vom Thema ab, und am Ende hat man zwei Stunden zusammengesessen, viel Kaffee getrunken und Kekse gegessen – aber inhaltlich ist man keinen Schritt weitergekommen. Falls es überhaupt ein Thema gab, über das man sich austauschen musste. Oder wollte. Manchmal trifft man sich ja auch nur, weil schon wieder Montag ist und immer montags ein zweistündiges Jour fixe stattfindet. Ist halt so.

Dann sitzt man zusammen, tauscht sich nett über das vergangene Wochenende aus und erzählt ganz zum Schluss, in den letzten 15 Minuten, was für diese Woche so anliegt. Und dass man mit Kollegin X und dem Chef noch ein weiteres Meeting braucht, um Projekt Y zu besprechen. So verbringt man insgesamt gut und gerne drei bis fünf Stunden pro Woche (!!) mit Meetings für Themen, die man eigentlich auch in einer Stunde hätte abhaken können. Das macht doch gar keinen Sinn (zumindest nicht, wenn du bis hierher aufmerksam dieses Buch gelesen hast)!

NINA SCHWARTZ, PERSONALREFERENTIN: »Viele Meetings sind ineffizient, weil sie vorher nicht genau geplant wurden: Was genau ist Ziel des Meetings? Wie sind Struktur und Agenda für das Meeting sinnvoll gewählt? Welche Teilnehmer müssen wirklich dabei sein? Und: Muss es wirklich eine Stunde sein, oder geht es vielleicht auch in einer halben? Wenn du also Meetings planst, überleg dir, wie du dies effektiv und effizient tun kannst.«

Du wirst als Berufseinsteiger wahrscheinlich nicht gleich mit der Organisation von Meetings betraut. Trotzdem gibt es ein paar Dinge, die du auch als Teilnehmer in Meetings berücksichtigen kannst, damit sie sich nicht unnötig in die Länge ziehen.

Zeitfresser eliminieren

Agenda bedeutet »Was getan werden muss«– und genau das sollte eine gute Agenda auch aufzeigen: Nämlich das, was im Meeting zu besprechen ist. Nicht mehr, nicht weniger. Am besten funktioniert die Agenda, wenn alle Teilnehmer vorher schon wissen, was darauf steht. Wenn du also zu einem Meeting eingeladen bist und keine Agenda erhalten hast, frag ruhig nach, um was es gehen soll. Denn nur so kannst du dich optimal vorbereiten. Wenn du gut vorbereitet bist und vor dem Meeting schon mal unklare Punkte klärst, ersparst du dir und dem Team ewige Erklärungsschleifen. Das gilt natürlich auch für die anderen. Eine gute Vorbereitung ist das A und O eines effektiven Meetings.

Zu einer guten Vorbereitung gehört auch die Frage: Für wen ist das Thema überhaupt relevant? Je mehr Teilnehmer man einlädt, desto länger dauert das Meeting, das ist so sicher wie das Amen in der Kirche. Also check immer, ob du als Teilnehmer entweder was lernst oder Input liefern kannst – wenn du beides verneinst, spar dir und den anderen die kostbare Zeit.

Timeboxing kommt eigentlich aus dem agilen Projektmanagement und bedeutet, dass für jeden Vorgang eine bestimmte Zeit festgelegt wird, innerhalb derer die betreffende Aktion dann durchgeführt wird. Das kann man auch in Meetings nutzen: Für jeden Punkt auf der Agenda legt man vorab einen zeitlichen Rahmen fest (zehn Minuten für Thema X, 25 Minuten für Thema Y, fünf Minuten für Thema Z). Eine Person hat dann die Aufgabe, die Zeit im Auge zu behalten – viele nutzen dazu die Timer-Funktion ihres Smartphones. Der Vorteil: Die Teilnehmer sagen (meistens) wirklich nur das, was noch neue Impulse in die Diskussion einbringt, und verzichten darauf, immer und immer wieder ihre Argumente zu wiederholen. Und alle fokussieren sich auf das Thema und nicht darauf, wie sie selbst dastehen. Gerade in Meetings, die noch nicht timeboxed organisiert sind, empfiehlt es sich, auch mal Zwischenstände durchzugeben.

Sei pünktlich – eigentlich eine Selbstverständlichkeit. Nichts ist nerviger, als stundenlang auf andere zu warten oder immer wieder von vorne anzufangen, weil die Kollegen nach und nach eintrudeln.

Der Zeitpunkt des Meetings sollte gut gewählt sein. Erinnerst du dich an die Leistungskurve? Je nachdem, was im Meeting besprochen werden soll, sollte man sie berücksichtigen: Schwierige Themen, die die volle Konzentration verlangen, sind besser am Vormittag aufgehoben. Wenn es aber um Organisatorisches geht oder einfach nur um ein Get-together, in dem jeder erzählt, was er so treibt, kann man das Meeting auch in den Nachmittag verlegen. Vorausgesetzt, es sind alle da, für die das Thema relevant ist.

Wir sind heute per Smartphones, Tablets & Co. immer und überall erreichbar, was manchmal ganz schön kontraproduktiv sein kann. Den Mythos Multitasking habe ich schon aus der Welt geschafft. Das ist auch in Meetings nicht möglich. Ganz im Ernst. Wage es, 60 Minuten lang nicht deine E-Mails zu checken. Du wirst sehen, davon geht die Welt nicht unter. Dafür bist du aufmerksam bei dem, was deine Kollegen erzählen, und ersparst dir (und deinen Kollegen) hinterher sogar noch mindestens drei E-Mails, in denen sie dir erklären, was sie im Meeting gesagt haben.

Pausen sind wichtig. Gerade in längeren Meetings über mehrere Stunden wirken sie wahre Wunder gegen kaugummiartige Gespräche. Als Faustregel gilt: Spätestens alle zwei Stunden, besser bereits nach 1,5 Stunden, sollten ein paar Minuten zum Durchlüften und Energietanken eingeplant werden.

Germany's next Topmoderator

Falls du in den Genuss kommst, selbst in die Rolle des Moderators schlüpfen zu dürfen – hier ist das Rezept für eine gute, zielführende Moderation: Man nehme das Thema und formuliere und strukturiere es so, dass es selbst die fünfjährige Tochter vom Chef verstehen würde, wenn man es ihr erklärt. Nachdem man so alle Teilnehmer über das zu besprechende Thema informiert hat, bittet man sie um ihre Meinung. Dabei bleibe man als Moderator neutral und bewerte die unterschiedlichen Beiträge nicht. Man sorge dafür, dass jeder Beitrag von allen anderen verstanden wird, und fasse jeden Beitrag, falls nötig, noch einmal in eigenen Worten zusammen. Man achte auf die Gleichverteilung der Redebeiträge und binde insbesondere die ruhigeren Teilnehmer aktiv mit ein. Die, die sowieso schon viel zu sagen haben, bremse man freundlich, aber bestimmt ab. Bei Abschweifungen behalte man den roten Faden in der Hand und führe das Gespräch immer wieder darauf zurück. Wenn alle Teilnehmer zu Wort gekommen sind, fasse man die Diskussion zusammen und halte das Ergebnis (schriftlich) fest.

Kleiner Tipp: bei Diskussionen, in denen du viel Feuer erwartest, weil das Thema die Gemüter schon seit Wochen erhitzt, kann sich das Rundgespräch (auch: Karusselgespräch) bezahlt machen. Dabei stellen die Anwesenden der Reihe nach ihre Standpunkte zum Thema dar, ohne dass darüber direkt diskutiert wird. Als Moderator verlangt dir das einiges an Strukturarbeit ab, am Ende spart dieses Vorgehen aber viel Zeit. Denn wenn jede Meinung erst mal gehört wurde, können sich alle schneller auf die Problemlösung fokussieren.

Die Konferenz der Tiere ... pardon, Persönlichkeiten

Ähnlich wie in der täglichen Zusammenarbeit im Team sind auch in Meetings, vor allem in größeren Runden, die Rollen klar verteilt. Teilweise weisen sie eine erschreckende Ähnlichkeit mit Tieren auf!

- **Der Pitbull**
  Sucht Streit, immer und überall. Provozieren ist seine Leidenschaft.

- **Der Frosch**
  Quakt viel herum, wenn der Tag lang ist. Hat zu allem und jedem eine Meinung, die er nicht für sich behalten kann.

- **Das Reh**
  Schüchtern und zurückhaltend. Glaubt nicht, dass es einen wertvollen Beitrag leisten kann.

- **Der Igel**
  Lehnt kategorisch alles ab. Geht nicht, gibt's nicht, haben wir noch nie so gemacht. Wenn man ihm zu nahe kommt, igelt er sich ein.

- **Das Nashorn**
  Hat eine verdammt dicke Haut. Hat eigentlich kaum ein Interesse an irgendwas.

- **Die Giraffe**
  Blickt von oben auf die Runde herab. Glaubt, ihre Meinung sei die einzig richtige.

- **Der Fuchs**
  Stellt unentwegt Fragen, will alles ganz genau wissen. Nervt damit die anderen, meistens aber ganz bewusst.

- **Die Schildkröte**
  Weiß alles, kann alles und hat alles schon gesehen.

- **Der Delphin**
  Ist sozial, kommunikativ und warmherzig. Ohne ihn wäre so manches Meeting kälter als eine Gefriertruhe.

Kennt man seinen persönlichen Konferenzzoo erst mal, kann man viel besser mit den Insassen umgehen: das Reh aktiv miteinbinden; nicht alles persönlich nehmen, was Pitbull und Igel von sich geben; den Frosch auch mal höflich, aber bestimmt unterbrechen und das Nashorn nach seiner Arbeit fragen. Der Giraffe schmettert man ein fröhliches »Ja, aber« entgegen; dem Fuchs gibt man sachliche Antworten, ohne auf seine Provokationen einzugehen; die Schildkröte überzeugt man mit neuen Argumenten vom Gegenteil und den Delphin lässt man immer dann zu Wort kommen, wenn's haarig wird.

ANNA DELUWEIT, ARBEITS- UND ORGANISATIONSPSYCHOLOGIN: »Ich hatte mal einen Kollegen, der in Meetings immer gesagt hat: ›Wir machen das‹. De facto habe ich die Sachen dann aber jedes Mal auf meinem Schreibtisch gehabt, weil er noch irgendwas anderes Wichtiges zu tun hatte.«

Na, was glaubst du – mit welchem Tier hatte Anna es da zu tun? Und mit welchen Tieren kommst du in deinen Meetings in Kontakt?

Lass dein Netzwerk für dich arbeiten!

Dein Team ist dein erstes kleines Netzwerk, das du für dich nutzen kannst und sollst. Doch auch darüber hinaus bekommst du im Job Kontakte, die für dich (wenn auch in manchmal nicht absehbarer Zukunft) nützlich sein können. Hier findest du die besten Tipps, wie du dir ein gutes Netzwerk aufbaust und es pflegst.

Wir alle haben ein Netzwerk. Zunächst ist das einfach nur das Netz aus Kontakten, die wir im Lauf unseres Lebens sammeln. Angefangen in der Familie über Schulfreunde, Mitspieler in Sportvereinen und Studienkollegen haben sich da bis zum Berufsstart schon einige Kontakte angesammelt – aber meistens nutzen wir die viel zu selten. Dabei wird ein Viertel aller Stellen über Empfehlungen besetzt! Höchste Zeit also, ein solides Netzwerk aufzubauen und die Kontakte für sich zu nutzen.

JULIA HENKER, HR MANAGER: »Bau dir ein möglichst großes Netzwerk auf – nicht nur in deinem Unternehmen! Auch bei Abendveranstaltungen, auf Kongressen und in Fachgruppen triffst du viele interessante Menschen. Du weißt nie, wofür diese Kontakte mal gut sind. Nutze dafür auf jeden Fall soziale Netzwerke wie XING oder LinkedIn.«

Ein gutes Netz an Kontakten hat viele Vorteile: Du kannst dich mit anderen über deine Erfahrungen oder fachlich austauschen, hast verschiedene Ansprechpartner für Themen, bei denen du dir eine andere Perspektive einholen willst, kommst schneller und unkomplizierter an Infos, die du brauchst, und kannst nebenbei auch noch deine Karriere fördern. Denn Bewerber mit einem interessanten Netzwerk werden von vielen Unternehmen nur zu gern eingestellt. Darüber hinaus haben sich aus so manchem Businesskontakt aber auch schon echte Freundschaften entwickelt. Vor allem, wenn du für den Job in eine neue Stadt gezogen bist, ist das ein echter Gewinn.

ANNA DELUWEIT, ARBEITS- UND ORGANISATIONSPSYCHOLOGIN: »Die Krux beim Netzwerken ist: Du weißt nie, wann du den entsprechenden Kontakt mal brauchst. Aber früher oder später zahlt es sich immer aus, seine Kontakte zu pflegen.«

Wie du dir ein gutes Netzwerk aufbaust

Bevor du von deinem Netzwerk profitieren kannst, musst du es aber erst mal aufbauen und mit viel Liebe pflegen. Kaum jemand wird dir nach dem ersten Kennenlernen schon Vorteile verschaffen wollen, von denen er noch nicht weiß, dass du sie wirklich verdient hast. Es braucht Geduld, und davon nicht zu wenig. Du musst geben, geben, geben – und irgendwann, manchmal sehr viel später, kommt dann was zurück. Im Unternehmen kannst du dir aktiv Kontakte suchen, die dir beim Einstieg helfen:

NINA SCHWARTZ, PERSONALREFERENTIN: »Gerade als Neuling ist es wichtig, im Unternehmen Ansprechpartner zu haben. Deswegen: Lerne die Personen, mit denen du Schnittstellen hast, persönlich kennen. 30 Minuten für einen gemeinsamen Kaffee sind da gut investierte Zeit.«

Wenn du dich gezielt mit jemandem verabredest, ist es leicht, ins Gespräch zu kommen. Du kannst deinen Gesprächspartner fragen, seit wann er im Unternehmen ist, wie es ihm am Anfang ergangen ist, was seine jetzigen Aufgaben sind und Ähnliches mehr. Auch ein paar unverfängliche private Fragen (beispielsweise nach dem Wohnort oder nach Hobbys) darfst du hier stellen. Wenn du dann erfährst, dass der Kollege begeisterter FC-St.-Pauli-Fan ist, hast du beim nächsten Treffen gleich einen Anknüpfungspunkt (nämlich den Spielstand vom Wochenende). Interessiere dich für dein Gegenüber und zeige dich als Mensch – das hat schon so manche Zusammenarbeit erleichtert.

Visitenkartentauschbörse auf Business-Veranstaltungen?

Anders sieht es aus, wenn du auf Veranstaltungen Kontakte knüpfen willst. Vor allem Berufseinsteiger haben oft Hemmungen, fremde Menschen anzusprechen. Diese ganze Visitenkartentauscherei mutet auch wirklich manchmal an wie die Panini-Tauschbörse zur letzten WM. Dabei geht es aber gar nicht darum, in möglichst kurzer Zeit möglichst viele Visitenkarten einzusammeln. Ganz im Gegenteil, ein Kontakt, der durch ein tiefer gehendes Gespräch entstanden ist, ist meistens mehr wert als fünf Visitenkarten, wenn du die Leute hinterher in der S-Bahn nicht wiedererkennst.

Wie das geht, wildfremde Leute auf einer Business-Veranstaltung anzusprechen? Das ist gar kein Hexenwerk. Wichtig ist, dass du dich nicht verstellst. Die anderen merken gleich, wenn du nicht authentisch bist, und du selbst fühlst dich dabei auch nicht wohl. Also sei du selbst! Um ins Gespräch zu kommen, bietet es sich eigentlich immer an, auf den Anlass der Veranstaltung, die gehörte Rede oder das Essen Bezug zu nehmen. Frage deinen potenziellen Gesprächspartner, was er von der Veranstaltung erwartet, ob ihm die Rede gefallen hat oder welches Kanapee er empfehlen kann – und eh du dich versiehst, seid ihr schon mitten im Gespräch. Achte darauf, offene Fragen zu stellen (das sind die, auf die der andere nicht mit »Ja« oder »Nein« antworten kann) – damit bringst du den Small Talk in Gang und kannst das Gespräch steuern. Wenn du unsicher bist, kannst du dir auch ein paar Floskeln im Kopf zurechtlegen: Fragen und Aussagen wie »Darf ich mich zu Ihnen gesellen?«, »Was führt Sie heute her?« oder »Interessante Location!« funktionieren als Eisbrecher eigentlich meistens – es sei denn, dein Gegenüber ist überhaupt nicht auf neue Kontakte aus. Solche Menschen gibt es, aber sie sind relativ selten auf einschlägigen Netzwerkveranstaltungen zu treffen.

Nach dem Gespräch solltest du dich auf jeden Fall bedanken, deine Freude über das Kennenlernen zum Ausdruck bringen und deine Visitenkarte zücken. Kleiner Tipp einer vergesslichen Autorin: Mach dir auf den gesammelten Visitenkarten Notizen, wann und wo du sie erhalten hast und welche Themen ihr besprochen habt. Das erspart dir peinliches Rätselraten bei der nächsten Veranstaltung, woher du die nette Frau, die dich so überschwänglich begrüßt, kennst.

Nach der Veranstaltung kannst du die Kontakte außerdem in XING oder LinkedIn zu deinen Kontakten hinzufügen. Das hat nicht nur den Vorteil, dass du dann in deiner Kontaktliste nach Stichworten suchen kannst, sondern ist auch ein möglicher (indirekter) Kommunikationsweg.

Dir liegt das alles überhaupt nicht? Du warst noch nie so der Netzwerker? Bloß nicht verzweifeln, das kann man lernen! Such dir Vorbilder in deinem beruflichen Umfeld und frage sie, ob du sie auf Veranstaltungen begleiten kannst. Von ihnen kannst du dir dann live und in Farbe abgucken, wie's geht. Und bestimmt können sie dir auch noch den einen oder anderen Tipp geben, wie du dein Auftreten verbessern kannst.

Nach dem Aufbau kommt die Pflege

Wenn du langfristig von deinen Kontakten profitieren willst, musst du sie pflegen – an diesem Zeitinvestment kommst du nicht vorbei. Anlässe zur Kontaktaufnahme gibt es genug: Geburtstage, Weihnachten, Ostern, Jahreswechsel und so weiter. Besonders im Gedächtnis bleiben allerdings die Menschen, die nicht die klassischen Anlässe wählen, um sich mal wieder zu melden: beispielsweise das chinesische Neujahr oder den Tag der Arbeit. Charmant verpackt ziehen diese Grüße mehr Aufmerksamkeit auf sich als die zwölfte Weihnachtskarte in einer Woche.

Wenn du weißt, für welche Themen sich dein Kontakt interessiert (beruflich oder privat), kannst du ihm auch mal einen Link oder einen Artikel dazu schicken, der dir untergekommen ist. Damit signalisierst du: »Ich denke an dich und habe mir deine Interessen gemerkt« – die allermeisten Menschen fühlen sich dadurch besonders wertgeschätzt.

Geschmeichelt fühlen sich die meisten auch, wenn sie nach ihrer Meinung gefragt werden. Wenn du also eine Frage hast oder einen unabhängigen Dritten zurate ziehen willst, kannst du dich dazu in deinem Netzwerk umhören. Damit schlägst du sogar zwei Fliegen mit einer Klappe: Du bekommst eine Info, und der andere hat das Gefühl, dass er für dich der Experte zum Thema ist.

Nutze auch Social Media, um dich über deine Kontakte und andere über dich zu informieren. XING und LinkedIn sind die klassischen Business-Netzwerke im Netz. Aber auch Twitter und Facebook werden, je nach Branche, für den Austausch genutzt.

TIMM KUHLMANN, TALENT-WERKER: »Wenn du Themen vertiefen oder Kontakte knüpfen willst, melde dich bei Twitter an. Da findest du in kürzester Zeit spannende Artikel zu unterschiedlichsten Themen und lernst viele interessante Menschen kennen.«

In regelmäßigen Abständen solltest du auch den persönlichen Kontakt pflegen. Bei einem Kaffee, dem gemeinsamen Mittagessen oder einem Feierabend-Bierchen lassen sich Kontakte immer noch am besten festigen.

Die vier Dont's beim Netzwerken

Es gibt aber auch ein paar Dinge, die du auf jeden Fall vermeiden solltest:

1. Versprechen nicht halten
Wenn du deinem Kontakt etwas zusagst, musst du das auch halten. Tust du das nicht, wird er sich deine Unzuverlässigkeit garantiert abspeichern, und das fällt dir, spätestens wenn du mal was von ihm willst, auf die Füße.

2. Daten ungefragt weitergeben
»Hallo, ich bin Svenja, und ich habe deine Handynummer von Thomas, der meinte, du hilfst mir bei der Bewerbung in deiner Firma.« Solche Anrufe kriegt keiner gern ungefragt. Also gib die Daten deiner Kontakte, vor allem die der beruflichen Kontakte, niemals ungefragt weiter.

3. Über Dritte tratschen
Ein absolutes No-Go! Never ever darfst du mit einem Kontakt über andere lästern und dabei womöglich noch vertrauliche Infos weitergeben. Auch wenn der andere kräftig mitmacht: Er wird sich merken, dass man dir keine Geheimnisse anvertrauen kann.

4. Als Oberlehrer auftreten
Solche Menschen haben deine Kontakte schon zur Genüge in ihrem Umfeld. Wenn du sie dann auch noch belehren wirst, werden sie dich vermutlich recht schnell aus ihrem Netzwerk katapultieren – und zwar ohne doppelten Boden.

Fazit

Zusammenarbeit kann gelingen, gerade weil in einem
Team grundverschiedene Charaktere zusammenkommen.
Voraussetzung ist, dass jeder seine Stärken einbringt, sich
alle auf das gemeinsame Ziel konzentrieren und Meetings nicht
zum Zeittotschlagen nutzen. Dein Team ist auch ein kleines
Netzwerk – du solltest aber auch außerhalb der eigenen Firma
Kontakte knüpfen.

7.

Stressige Zeiten –
so bleibst du entspannt

»Ich bin im Stress« – hast du das in den letzten Wochen und Monaten auch mal gesagt oder gedacht? Manchmal hat man das Gefühl, Stress gehört zum Leben wie Essen und Trinken: Da wird gesprochen über Stress bei der Arbeit, Freizeitstress oder Stress im Zwischenmenschlichen. Leider kann auch das beste Selbstmanagement manchmal nicht verhindern, dass wir gestresst sind. Bis zu einem gewissen Maß spornt uns das zu Höchstleistungen an, aber irgendwann hört der Spaß auf: Nämlich dann, wenn du nicht mehr abschalten kannst und dauerhaft unter Strom stehst.

Zu viel Stress ist ungesund. Burn-out lautet die Gefahr, die dann droht. Aber schon lange vor dem Burn-out macht sich Stress bemerkbar – und zwar auf unterschiedliche Arten. In diesem Kapitel lernst du, was Stress eigentlich ist und wie er entsteht. Dabei ist Stress eine ziemlich individuelle Geschichte: Was den einen nicht aus der Ruhe bringt, stellt für den anderen schon einen unerträglichen Stresslevel dar. Stress hat drei Aspekte: Stressoren, persönliche Stressverstärker und Stressreaktionen. Um dein Stressmanagement zu verbessern, kannst du an verschiedenen Stellen ansetzen. Wie du gelassen bleibst (oder gelassener wirst), zeige ich dir dann im zweiten Teil des Kapitels.

Stress – was ist das überhaupt?

Um mit ihm umgehen zu können, solltest du wissen, was genau Stress eigentlich ist. Das Modell der Stresstrias hilft dir zu verstehen, was dich stresst, wie du auf Stress reagierst und was deinen Stress noch verstärkt. Hier findest du individuelle Ansatzpunkte für dein Stressmanagement.

Der Begriff »Stress« ist noch relativ jung: Der Mediziner Hans Selye hat ihn in den 1940er-Jahren eingeführt. Er konnte nachweisen, dass physische und psychische Belastungen bei Lebewesen dauerhaft zu gesundheitlichen Einschränkungen führen – diese Auswirkungen nannte er Stress. Was Selye zunächst an Mäusen erforschte, gilt heute für Menschen als Tatsache: Stress ist einer der größten Risikofaktoren für die Gesundheit. Studien zufolge hängen bis zu 60 Prozent der krankheitsbedingt ausfallenden Arbeitstage mit Stresssymptomen zusammen.

Evolutionstechnisch betrachtet ist Stress eine sinnvolle Sache: Der Körper erhält in bedrohlichen Situationen Energie, um zu fliehen oder zu kämpfen. Ist die Gefahr vorbei, kann er sich wieder entspannen. Das Problem der heutigen Zeit ist aber, dass viele Belastungen über Stunden, Tage oder sogar Wochen anhalten. Der Körper erhält also dauerhaft das Signal: »GEFAHR! GEFAHR! GEFAHR!« und ist dementsprechend auch andauernd in Alarmbereitschaft. Dabei unterscheidet das Gehirn erst mal nicht zwischen lebensbedrohlichen Situationen und psychischen Herausforderungen: Physiologisch reagieren wir ähnlich, obwohl wir den Stresssituationen, die wir heutzutage erleben, selten durch körperliche Aktivität begegnen müssen. Wir müssen ja nicht vor einem Bären weglaufen oder im Kampf unsere Höhle verteidigen, sondern eher in einer Kundenpräsentation glänzen oder dringend ein Konzept fertigstellen – und beides erreichen wir, indem wir möglichst ruhig vor den Kunden stehen beziehungsweise am Schreibtisch sitzen bleiben. Der Körper kann also nicht, wie es zu Urzeiten der Fall war, die bereitgestellte Energie abbauen. Die Folgen davon kennt wohl jeder: Muskelverspannungen, Kopfschmerzen, Schwindel, Herzrasen, Augenflattern bis hin zum Tinnitus.

Test: Wie gestresst bist du?

	Ja	Nein
Bist du häufig müde und erschöpft, obwohl du eigentlich genug schläfst?	O	O
Hast du körperliche Beschwerden wie Kopfschmerzen, Verdauungsprobleme oder Verspannungen?	O	O
Hast du für dein Empfinden zu wenig Zeit für Freunde, Familie, Hobbys und Sport?	O	O
Kannst du schlecht ein- oder durchschlafen?	O	O
Fällt es dir schwer, vom Job abzuschalten?	O	O
Fühlst du dich oft unentschlossen und hast Probleme damit, Entscheidungen zu treffen?	O	O
Trinkst du häufig Alkohol, um dich zu entspannen?	O	O
Kannst du dich auch am Wochenende kaum vom Job erholen?	O	O
Hast du Schwierigkeiten, dir neue Informationen zu merken oder dich zu konzentrieren?	O	O
Bist du häufig gereizt oder genervt?	O	O
Kannst du deinen eigenen Ansprüchen an dich selbst kaum noch gerecht werden?	O	O
Fühlst du dich oft überfordert?	O	O
Streitest du häufig mit anderen?	O	O

Auswertung: Wie oft hast du »Ja« angekreuzt?

0 – 3: Du bist kaum im Stress – scheinbar sind deine Bewältigungsstrategien schon gut ausgereift!

4 – 8: Du bist ziemlich anfällig für Stress und solltest dir schnell eine gute Anti-Stress-Strategie aneignen.

> 8: Du bist scheinbar dauerhaft in Alarmbereitschaft. Wenn du nicht aufpasst, wird es wirklich gesundheitsschädigend – höchste Zeit, etwas zu tun!

Stress hat drei Seiten

Wenn wir Stress erleben, sind eigentlich immer drei Aspekte beteiligt: Es gibt Faktoren von außen, die uns belasten oder unter Druck setzen. Diese Stressoren lösen eine physische oder psychische Stressreaktion aus. Dazwischen wirken persönliche Stressverstärker: Das sind Einstellungen und Eigenschaften, die beeinflussen, wie wir die Stressoren bewerten. So bestimmen sie auch das Ausmaß der Stressreaktion mit. In der sogenannten Stresstrias, die vom Psychologen Gert Kaluza entwickelt wurde, finden sich diese drei Momente wieder.

Ähnlich wie Zahnräder greifen sie ineinander und bedingen sich gegenseitig: Stressoren setzen die Stressverstärker in Gang, die wiederum, je nachdem, wie verstärkend sie wirken, die unterschiedlichen Stressreaktion in Gang setzen. Und wie das bei Zahnrädern so ist: Wenn das Rad in der Mitte streikt, wird das nächste Rad sich auch nicht drehen – wieder einmal sind es also deine persönlichen Einstellungen, die deinen Umgang mit wideren Umständen bestimmen.

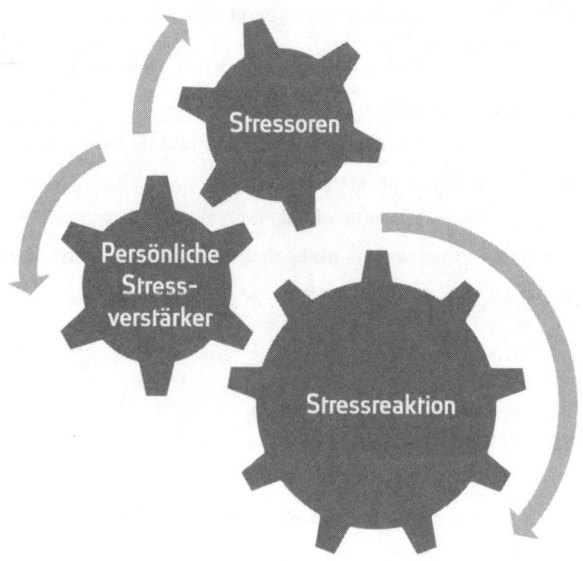

Angelehnt an die Stresstrias von Gert Kaluza

Stressoren

Stressoren sind so vielfältig und individuell wie die Menschheit. Sie können ganz unterschiedlicher Natur sein. Hier ein paar Beispiele:

- **physikalische Umweltfaktoren**
  wie Lärm oder Hitze,

- **körperlich bedingte Faktoren**
  wie Hunger, Durst oder Schmerzen,

- **psychische Faktoren**
  wie Zeitdruck, Überforderung oder Leistungsprüfungen und

- **soziale Begebenheiten**
  wie Konflikte, Trennungen oder Konkurrenzsituationen.

Jeder reagiert anders auf verschiedene Situationen und Anforderungen – was für den einen ein riesiger Stressfaktor ist, ist für andere oft gar kein Problem. Während dich eher die Vorbereitung auf eine Präsentation stresst, ist es für andere vielleicht vielmehr die Präsentation selbst, die bei ihnen zu Stressflecken führt.

Als Stressor gilt, was wir selbst als Belastung oder Bedrohung interpretieren – ganz unabhängig von der objektiven Auswirkung der Situation. Wann immer wir das Gefühl haben, eine Situation nicht bewältigen zu können, bedeutet sie für uns Stress. Stressoren sind also unmittelbar verknüpft mit der eigenen Kompetenzerwartung. Je größer die Diskrepanz zwischen der Anforderung und unserer (gefühlten) Kompetenz, desto stärker wirkt der Stressor.

Sind wir mit Situationen noch nicht sehr vertraut, wie du zum Beispiel mit deinem neuen Job, verursacht das ebenfalls Stress: Wenn wir nicht wissen, was auf uns zukommt, haben wir auch keine Ahnung, wie wir es kontrollieren können. Das Gefühl, keine Kontrolle zu haben und keinen Einfluss nehmen zu können, stellt immer eine Bedrohung dar. Da ist es ganz verständlich, dass man beim Berufseinstieg gestresster ist als Kollegen, die schon länger im Unternehmen sind.

JULIA HENKER, HR MANAGER: »Am Anfang ist man natürlich viel anfälliger für Stress. Schließlich befindet man sich in einer ganz neuen Situation und hat noch nicht seine Anti-Stress-Strategien gefunden.«

Dabei gilt: Je wichtiger uns die Bewältigung der Anforderung ist, desto gestresster sind wir, wenn wir uns dabei unsicher fühlen.

Nachgefragt: Was stresst andere?

Technik, die nicht funktioniert

Technikausfall

Kurzfristige Anforderungen, die meine Kapazitäten übersteigen und unrealistisch sind

Ungelöste Konflikte

Sich ständig ändernde Ziele

Schlechte Vorbereitung auf Termine

Termine werden nicht eingehalten

Kollegen werfen meine Planung über den Haufen

Wenn Kollegen sich nicht an Absprachen halten

Zu viele »Baustellen« gleichzeitig

Unklare Aufgabenstellungen

Im Fußballverein angemeldet sein, aber nicht hingehen

Deadlines!!

Reibereien im Team

Wenn ich meine eigenen Pläne nicht einhalten kann

Wenn Kunden auf Angebote kein Feedback geben

In Eile noch was erledigen müssen

Wenn mein Chef Arbeit auf mich abwälzt

Unvorhergesehen krank werden

Unzuverlässigkeit von anderen

Hoher Lärmpegel im Großraumbüro

Das eigene Gedankenkarussel

Ich krieg keine Infos über Termine

Herausforderungen annehmen

Übrigens: In einer Studie haben Wissenschaftler herausgefunden, dass Reize, die von modernen Technologien ausgehen, sehr viel schlechter verarbeitet werden als nichttechnologische. E-Mails, Anrufe und Messenger sind also für die meisten Menschen stressiger und verursachen immer noch mehr gesundheitliche Probleme als andere Stressoren – vermutlich fehlen uns dazu noch die evolutionär entwickelten Anpassungsstrategien.

Übung: Deine persönlichen Stressoren

Wann bist du im Stress? Was stresst dich im Job, und wann bist du im Freizeitstress?

_____

_____

_____

_____

_____

Stressreaktionen

Stressreaktionen machen sich körperlich, psychisch und im Verhalten bemerkbar. Du erinnerst dich: Eigentlich dient Stress dazu, unseren Körper in Alarmbereitschaft zu versetzen, damit er fliehen oder kämpfen kann. In Sekundenschnelle wird das System hochgefahren: Die Muskeln spannen an, die Atmung wird schneller, der Herzschlag verdoppelt sich. Der Körper stellt alle Energiereserven, die er hat, zur Verfügung, damit wir die stressige Situation überleben. Im Verhalten äußert sich die Stressreaktion dann zum Beispiel so wie in den folgenden Statements:

»Wenn ich sehr im Stress bin, passiert es schon, dass ich nachts aufwache, weil mir etwas einfällt, was ich vergessen habe.«

»Wenn's bei mir stressig wird, werde ich in allem schneller und unruhiger.«

»In stressigen Situationen werde ich hektisch oder ungeduldig.«

»Ich habe ein verlässliches Stress-Frühwarnsystem: Augenzucken plus Kopfschmerzen.«

»Konzentriertes Arbeiten kann ich in Stresssituationen echt vergessen.«

»In Stress zu sein wirkt sich leider allzu häufig auch auf mein Privatleben aus: Dann lasse ich meinen Frust an den Menschen aus, die am wenigsten dafür können und bin gereizt und nicht ansprechbar.«

Wir werden ungeduldig und hektisch, können nicht mehr gut schlafen, sind unruhig und haben Schwierigkeiten, uns zu konzentrieren, vergessen Wichtiges und sind genervt. All das sind typische Stressreaktionen auf der Verhaltensebene. Zu den häufigsten psychischen Stressreaktionen zählen Nervosität, Unzufriedenheit, Wut, Hilflosigkeit und Angst, aber auch ein klassisches Blackout, das viele aus Prüfungssituationen kennen.

Solche Stressreaktionen verstärken sich gern auch mal gegenseitig. Du kennst das vielleicht von Bewerbungsgesprächen oder Prüfungen: Die große Nervosität führt zu flacher Atmung und Gesichtsröte, das wiederum ist dir peinlich und unangenehm, dadurch fühlst du dich noch hilfloser und wirst noch nervöser … ein klassischer Teufelskreis.

Wie äußert sich Stress bei dir? Was sind deine körperlichen Signale für Stress, wie verhältst du dich, und was spielt sich emotional bei dir ab, wenn du im Stress bist?

Übung: Deine Stressreaktionen

Wie äußert sich Stress bei dir?

_____

_____

_____

_____

_____

_____

Stressverstärker

Stressverstärker sind die Bindeglieder zwischen Stressoren und Stressreaktionen. Das Gehirn entscheidet, ob der Stressor eine Bedrohung darstellt oder nicht. Fällt das Urteil negativ aus, entsteht auch kein Stress. Je bedrohlicher uns der Stressor vorkommt, desto stärker fällt auch die Stressreaktion aus. Diese Bewertung hängt von vielen Faktoren ab: Persönliche Erfahrungen spielen dabei ebenso eine Rolle wie unsere Ziele, Motive und Einstellungen. Auch die Erwartungen, die andere oder wir selbst an uns stellen, kommen hier zum Tragen. Hier kommen auch wieder Kontrollüberzeugungen und Optimismus ins Spiel: Wenn wir der Überzeugung sind, die Situation kontrollieren zu können, werden wir sie als weniger bedrohlich wahrnehmen. Ähnlich ist es, wenn wir optimistisch an die Bewältigung herangehen: Die Gefahr wird dann subjektiv schon viel kleiner.

Übung: Deine Stressverstärker

Wodurch setzt du dich selbst unter Druck?
Welche Einstellungen und Gedanken verstärken deinen Stress?

_____

_____

_____

_____

_____

So bleibst du gelassen

Du siehst: Stress ist eine ziemlich individuelle Angelegenheit. Genauso ist es mit dem Umgang mit Stress: Jeder muss seinen eigenen Weg finden, ihn zu bewältigen. Hier findest du, entsprechend den einzelnen Stresselementen, Ansatzpunkte und Tipps dazu – damit du auch in stressigen Situationen gelassen bleiben kannst.

Eine gute Stresskompetenz hilft dir, entspannt zu bleiben, auch wenn um dich herum das Chaos ausbricht. Sie zeichnet sich dadurch aus, dass du mit den Anforderungen, die an dich gestellt werden, besser umgehen kannst. Achtung: Es geht nicht darum, in deinem Leben möglichst alle Stressoren abzuschaffen! Das würde auf Dauer wahrscheinlich ziemlich langweilig werden. Abgesehen davon wird es dir wohl auch kaum gelingen, alle Stressoren abzustellen – nicht mal auf einer einsamen Insel lebt es sich komplett stressfrei. Nein, es geht vielmehr darum, mit den Anforderungen angemessen umzugehen und sich von ihnen nicht stressen zu lassen. Die Stresstrias von Kaluza, die du schon kennengelernt hast, bietet dazu drei verschiedene Ansatzpunkte:

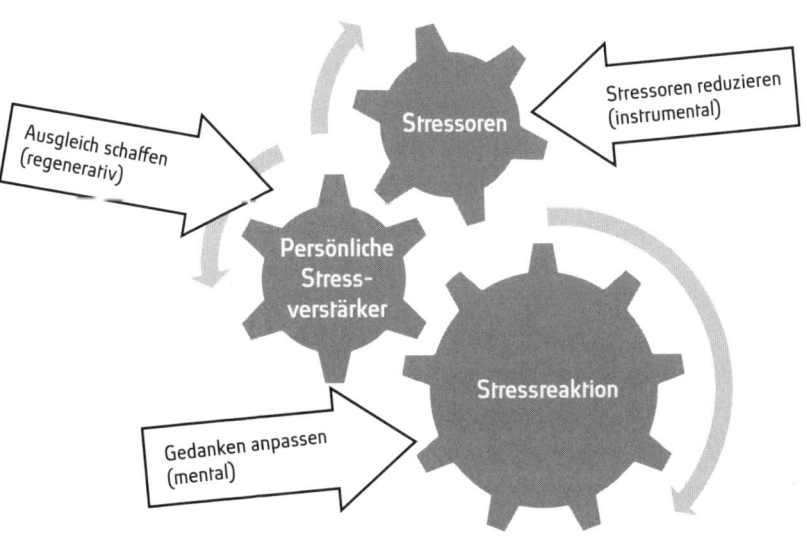

Ansatzpunkt 1: Stressoren reduzieren

Wie gesagt, es wird dir kaum gelingen, Stress komplett zu vermeiden. Den einen oder anderen Stressor kannst du aber durchaus abstellen, umgehen oder zumindest reduzieren. Vieles, was dir dabei hilft, hast du in den letzten Kapiteln schon kennengelernt: Indem du deine Zeit so organisierst, dass du sie effektiv und effizient nutzt, werden dir Stressoren wie Deadlines oder zu viele Anforderungen auf einmal schon viel weniger ausmachen. Auch Prioritäten sind für das Stressmanagement wichtig: Wenn du die Wichtigkeit und die Dringlichkeit richtig einschätzt, werden viele Aufgaben nämlich gar nicht erst zum Stressor. Und wenn du konzentriert bei der Sache bist, schaffst du auch mehr. Zeitmanagement ist also ein ganz wesentlicher Baustein, wenn es um die *instrumentelle Stresskompetenz* geht.

JULIA HENKER, HR MANAGER: »Findet euren Weg der Organisation – egal wie. Ein gutes System erspart so manchen Stress.«

Abgesehen von deiner ganz persönlichen Organisation und deinen eigenen Abläufen kannst du auch mit deinen Kollegen einmal kritisch überprüfen, ob andere organisatorische Verbesserungen notwendig sind. Eventuell könnt ihr die Aufgabenverteilung ändern oder die Prozesse anpassen – als Neueinsteiger hast du mit deinem frischen Blick sicherlich einige gute Ideen. Nur solltest du deine Kollegen nicht direkt am ersten Tag damit konfrontieren. Aber wenn sie merken, dass du was auf dem Kasten hast und sie möglichst gut unterstützen willst (und nicht nur auf möglichst stressfreie Tage für dich selbst abzielst), nehmen sie Verbesserungsvorschläge sicher gern an.

Vor allem, wenn du selbst in Arbeit erstickst, solltest du einen Hilferuf absetzen:

VOLKER DAVIDS, PERSONALER, COACH & IMPULSGEBER: »Wenn die Arbeit wirklich zu viel wird, dann sag das und fordere Unterstützung. Keiner kann erwarten, dass du 200 Prozent leistest.«

Nein zu sagen und auch mal Hilfe anzufordern ist wichtig, wenn du Stress vermeiden willst. Dazu gehört aber auch, dem Kollegen mal unter die Arme zu greifen, wenn er gerade in Arbeit zu ersticken droht – in einem gut funktionierenden Team hilft jeder jedem. Gibt es auf der zwischenmenschlichen Ebene hingegen ungeklärte Konflikte, solltest du dafür sorgen, dass diese geklärt werden. So schaltest du einen (häufig unnötigen) Stressor schnell ab.

Das gilt übrigens genauso für den privaten Bereich: Schiebst du einen Konflikt mit deinem Freund oder deiner Freundin lange vor dir her, belastet das sämtliche Bereiche deines Alltags – nicht nur dein Privatleben. Besser, du sprichst schnell an, was dich stört, und ihr löst den Konflikt. Das ist bestimmt besser für deinen Seelenfrieden und erleichtert dir die Konzentration auf andere Dinge.

Eine weitere Möglichkeit, Stressoren abzubauen, ist der Ausbau der fachlichen Kompetenz. Auch wenn du gerade erst ein Studium abgeschlossen hast: Du kannst immer noch eine ganze Menge lernen. Frag doch mal bei den Kollegen nach, welche Weiterbildungsseminare sie dir speziell für deinen Aufgabenbereich empfehlen würden. Gibt es Kongresse, die für dich interessant sein könnten? Oder könnte ein Sprachkurs für dich sinnvoll sein, weil du viel auf Englisch kommunizieren musst? Alles, was dir hilft, im täglichen Handeln sicherer und kompetenter zu werden, reduziert den Stressfaktor.

Ansatzpunkt 2: Sorg für Ausgleich

Die Stressreaktionen können gemindert werden, wenn du dafür sorgst, dich regelmäßig körperlich und psychisch zu erholen. Der einfachste Weg, regelmäßig für Erholung zu sorgen, besteht darin, immer wieder Pausen zu machen. Und zwar nicht
nur nach Feierabend, sondern über den Tag verteilt. Als Faustregel gilt hier: Alle 90 Minuten solltest du deinem Kopf mindestens 10 Minuten Erholung gönnen. Das heißt: Gib deinem Gehirn die Gelegenheit, wirklich kurz abzuschalten. Am besten
gelingt dir das, wenn du dich bewegst, entspannte Musik hörst
oder deine Hände aktiv werden lässt (zum Beispiel indem du deinen Arbeitsplatz aufräumst). Eine Bildschirmpause, die du dazu
nutzt, die neuesten Entwicklungen in deiner Facebook-Timeline
auf dem Smartphone zu verfolgen, ist nicht wirklich eine Pause
für deinen Kopf!

Auch im Schlaf können Körper und Geist sich erholen. Wie viel
Schlaf wir brauchen, ist individuell sehr verschieden. Manchen
Menschen reichen sechs Stunden, andere brauchen mindestens

acht Stunden, um am nächsten Tag zu funktionieren. Wichtig ist, dass du nicht nur ausreichend, sondern auch gut schläfst. Indem du regelmäßige Schlafenszeiten einhältst, verbesserst du auch die Schlafqualität. Gehst du mal ganz früh und mal ganz spät ins Bett, gerät dein Körper in einen selbst gemachten Jetlag – und der ist alles andere als erholsam!

Die längste Erholungsphase, die wir im Jahr haben, ist der Urlaub. Wissenschaftler gehen davon aus, dass man mindestens drei Wochen braucht, um komplett abzuschalten. Wenn du weniger Zeit hast, ist es besonders wichtig, entspannt in den Urlaub zu starten und danach sanft wieder einzusteigen. Außerdem solltest du ganz genau überlegen, welche Art von Erholung du brauchst: Ruhe und Entspannung am Strand von Portugal oder Action bei einer Trekkingtour durch die Alpen? Nur wenn du auf dein spezifisches Urlaubsbedürfnis achtest (das sich übrigens von Jahr zu Jahr ändern kann), ist der Urlaub für dich wirklich erholsam.

Zum Sport: Der hilft dir nicht nur, den Kopf frei zu bekommen, sondern baut auch die vom Körper zur Verfügung gestellte Energie ab. Denn du weißt ja, selten bedeutet Stress heutzutage, dass wir fliehen oder kämpfen müssen. Die vorhandene Energie sorgt aber für dauerhafte Anspannung, wenn du sie nicht abbaust. Dazu musst du nicht mal jeden Abend ins Fitnessstudio gehen und dich auspowern – oft helfen schon kleine Bewegungseinheiten im Alltag: ein kurzer, aber schneller Spaziergang, die Treppen laufen statt Fahrstuhlfahren, ein kleiner Umweg auf dem Weg zur Haltestelle. Regelmäßige Bewegung fördert aktiv das Wohlbefinden – ein Effekt, den du schon nach kurzer Zeit an dir selbst beobachten kannst.

ANNA DELUWEIT, ARBEITS- UND ORGANISATIONSPSYCHOLOGIN: »Routinen, die regelmäßig für Ausgleich sorgen, sind sehr hilfreich. Verabrede dich zum Beispiel immer mittwochs mit deiner besten Freundin zum Schwimmen oder geh immer montagabends mit den Jungs kickern – langfristig helfen dir solche Rituale, Abstand zu wahren.«

Viele Sportkurse enden mittlerweile mit einer kurzen Entspannung – und das nicht ohne Grund: Jeder Anspannung, ob psychisch oder physisch, sollte eine Entspannungsphase folgen. Es gibt diverse Entspannungstechniken: Yoga, Progressive Muskelrelaxation, Autogenes Training, Meditation und andere Methoden lindern die Stresssymptome. Die Wirkung dieser Entspannungstechniken ist wissenschaftlich mehrfach belegt. Mittlerweile unterstützen zahlreiche Krankenkassen ihre Versicherten dabei, sich zu entspannen, und zahlen Zuschüsse zu entsprechenden Kursen.

Generell kommt es auf die Art der vorangegangenen Belastung an, wie du dich am besten erholen kannst. Wenn du im Job von einem Termin zum anderen hetzt und dich den ganzen Tag über konzentrieren musst, brauchst du vermutlich eher Ruhepausen, in denen du deine Energiereserven wieder auftanken kannst. Bist du im Job tendenziell eher unterfordert, erholst du dich hingegen besser, wenn du in deiner Freizeit etwas Neues lernst oder neue Erfahrungen machst. Wie du deine Freizeit gestaltest, sollte deine eigene und freiwillige Entscheidung sein. Sicherlich wirst du manchmal aus Rücksicht auf andere Stakeholder Dinge tun, auf die du eigentlich keine große Lust hast – wie zum Beispiel, wenn du am Wochenende statt mit deinen Freunden auszugehen den Geburtstag deiner Oma mit lauter Rentnern feierst. Davon abgesehen solltest du aber in deiner Freizeit vermeiden, nur den Ansprüchen anderer gerecht werden zu wollen oder dir selbst irgendetwas zu beweisen. Was auch immer du in deiner Freizeit tust: Es sollte dir Spaß machen und einen Gegenpol zum Job darstellen. Wenn du tagsüber vor allem deinen Kopf anstrengst, mach abends Sport oder arbeite mit den Händen. Wenn du tagsüber mit vollem Körpereinsatz arbeitest, kannst du nach Feierabend ruhig mal dein Gehirn aktivieren. Hier gilt das Bild der Waage in Balance: Du bist ausgeglichen, wenn Körper und Geist gleichermaßen beansprucht sind.

Nachgefragt: So entspannen andere

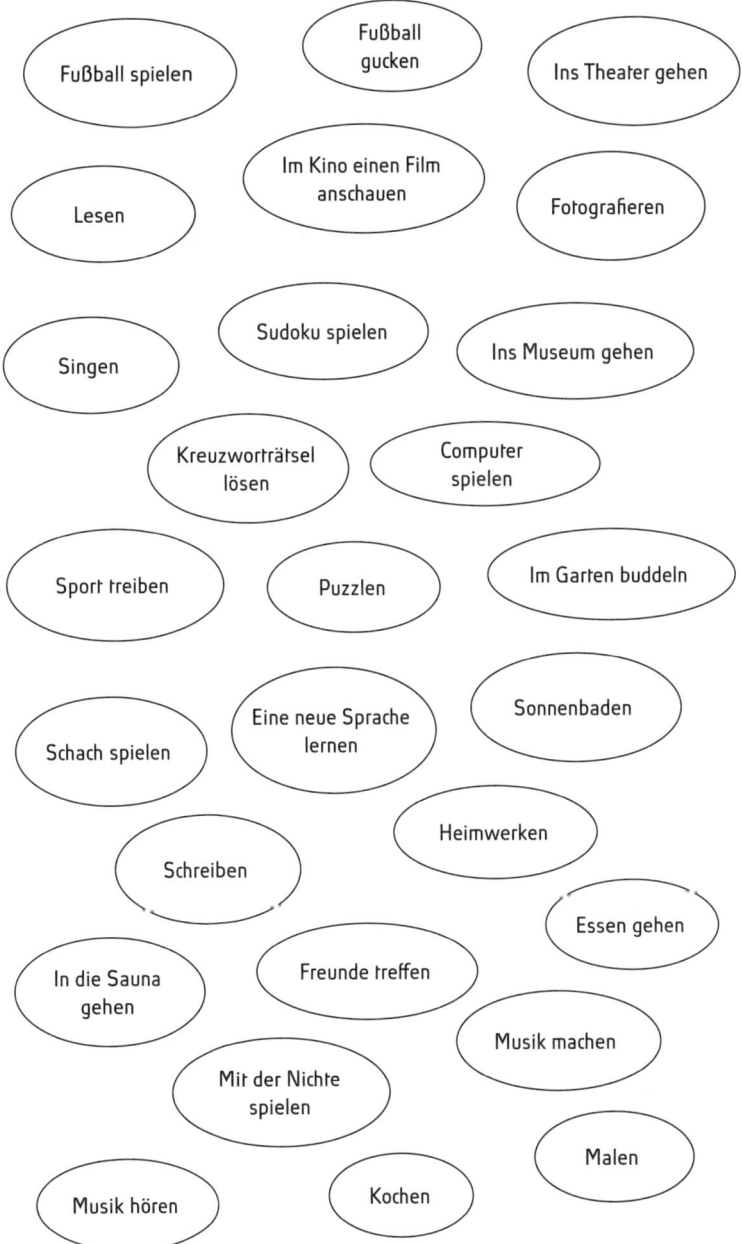

Übung: Deine Regeneration

Wie kannst du dich erholen und entspannen? Wann fühlst du dich ausgeglichen? Was machst du in deiner Freizeit besonders gern?

_____

_____

_____

_____

_____

Ansatzpunkt 3: Schluss mit den negativen Gedanken!

Deine Gedanken und Einstellungen bestimmen, wie stark die Stressoren sich auswirken. Zwischen den Stressoren auf der einen Seite und den Stressreaktionen auf der anderen Seite stehen die persönlichen Stressverstärker, sie vermitteln zwischen den beiden Aspekten und machen häufig aus der Mücke einen Elefanten. Mit anderen Worten: Stress fängt im Kopf an.

VOLKER DAVIDS, COACH: »Oft hilft es schon, in einer stressigen Situation einfach mal zwei tiefe Atemzüge zu nehmen und so innerlich auf Abstand zu gehen. Es ist immer meine eigene Entscheidung, ob mich etwas stresst oder nicht – bei kleinen wie bei großen Sachen. Mich selbst immer wieder zu reflektieren hilft mir sehr.«

Wie wir die Welt sehen (oder einen Stressfaktor bewerten), hängt stark davon ab, welche Erfahrungen uns geprägt haben. Gehen wir immer vom Schlechtesten aus, werden wir auch Stresssituationen eher negativ gegenüberstehen. Erinnerst du dich noch an die Frau mit dem Nagel im Kopf? Du hast sie im zweiten Kapitel kennengelernt. Ähnlich wie mit einem solchen Mindset ist es mit stress-verstärkenden Gedanken auch. Kein Mensch muss sich von frühen Prägungen, die er sich zum Großteil nicht aussuchen konnte, sein Leben diktieren lassen – auch du nicht.

Randnotiz, nochmal: Es geht hier nicht darum, aus dir jetzt einen optimistischen Dauergrinser zu machen, der alles hinnimmt und immer entspannt bleibt, auch wenn um ihn herum die Welt einstürzt. Nein, vielmehr geht es darum, aus dem, was ist, das Beste zu machen sowie pragmatisch und flexibel zu bleiben.

Der erste Schritt auf dem Weg dahin ist, sich mit der Realität abzufinden. Natürlich kannst du dich auch stundenlang darüber aufregen, dass dein Kollege die Frist verschlafen hat, die ihr für die gemeinsame Präsentation ausgemacht hattet. Du kannst jedem erzählen, wie sehr es dich ärgert, dass du jetzt nicht daran weiterarbeiten kannst, und wütend den Kollegen anstarren. Nur: An der Situation ändert das in dem Moment herzlich wenig. Im Gegenteil: Dein Kollege wird eher noch langsamer, weil er sich zusätzlich unter Druck gesetzt fühlt. Und du kannst auch nichts anderes Sinnvolles mehr tun, weil du dich vor lauter Ärger gar nicht mehr konzentrieren kannst. Wenn du aber gelassen bleibst und die Situation als gegeben hinnimmst, wirst du offen für Lösungsoptionen. Vielleicht kannst du deinem Kollegen unter die Arme greifen, damit es schneller geht. Oder schon mal mit Folien anfangen, die ihr dann hinterher mit den anderen zusammenfügt. Oder du machst etwas ganz anderes und verschiebst deine Arbeit an der Präsentation. Egal, für was du dich entscheidest: Du hast mehrere Handlungsoptionen, zwischen denen du auswählen kannst. Dein Stresspegel wird dadurch automatisch gesenkt.

Ähnlich ist es auch, wenn du das Gefühl hast, im Stress unterzugehen. Die Entscheidung liegt bei dir: Entweder beklagst du dich darüber bei allen und bemitleidest dich selbst, oder du versuchst, das Beste daraus zu machen und irgendwie durch den Tag zu kommen.

TIMM KUHLMANN, TALENT-WERKER: »An hektischen Tagen sorge ich immer dafür, dass ich mich kurzfristig belohne. Das kann ein Kinobesuch am Abend sein oder ein leckerer Kaffee – alles, worauf ich mich freuen und womit ich mich über die stressigen Stunden retten kann, funktioniert.«

Stress wird auch verstärkt, wenn du dir selbst nicht zutraust, ihn bewältigen zu können. Das ist ganz ähnlich wie mit den Kontrollüberzeugungen: Je weniger du an dich selbst und deine Fähigkeiten glaubst, desto stärker wird dein Stressempfinden. Gerade am Anfang des Berufslebens ist es ganz normal, dass du deine Kompetenzen schlecht einschätzen kannst. Vielleicht musst du manche Dinge auch noch gar nicht können!

JULIA HENKER, HR MANAGER: »Erwartet nicht zu viel von euch selbst! Wenn ihr unsicher seid, sprecht mit eurem Vorgesetzten und gleicht die Erwartungen ab. Ein regelmäßiges Feedback (nicht erst nach einem Jahr!) hilft euch zu wissen, wo ihr steht und wie ihr ankommt.«

Ein Trick, den einige Unternehmen mittlerweile sogar in ihrer Kultur verankert haben, ist, Probleme nicht als Probleme, sondern als Herausforderungen zu sehen. Dadurch wird die Situation sehr viel konstruktiver bewertet, und die »Herausgeforderten« suchen schneller und fokussierter nach Lösungen, statt lang und breit das Problem zu analysieren.

TIMM KUHLMANN, TALENT-WERKER: »Früher hatte ich oft Angst vor Herausforderungen. Aber irgendwann habe ich realisiert, dass die Angst immer schlimmer war als das, was am Ende eingetroffen ist – jetzt begegne ich Herausforderungen gelassener und nehme sie bewusst an, um daran zu wachsen.«

Wie das geht? Versuche, auch die positiven Seiten einer Angelegenheit zu sehen. Vielleicht sind die etwas versteckter und nicht auf den ersten Blick zu entdecken, aber in den allermeisten Situationen steckt immer auch etwas Gutes. Unsere Wahrnehmung ist nur teilweise so festgefahren, dass uns das nicht mehr auffällt. Es gilt, im Kopf flexibel zu bleiben. Am besten gelingt dir das durch regelmäßige Selbstreflexion, in der du immer wieder hinterfragst, ob dein Blick realistisch ist und welche positiven Aspekte du vielleicht übersehen hast.

Wenn du deine persönlichen Stressmacher entschärfen willst, überleg mal für jeden einzelnen: Wo kommt er her? Was spricht, aus deiner aktuellen Situation betrachtet, gegen ihn? Was ist aber auch das Positive an ihm? Was wäre, wenn er gar nicht da wäre?

Übung: Entschärfe deine Stressverstärker!

Was spricht gegen deine Stressverstärker, was spricht für sie?

_____

_____

_____

_____

_____

Und hier noch einige ultimative Anti-Stress-Tipps für Berufseinsteiger von der Expertin Birgit Berndt:

- Eine Vision haben: Steckt euch ein im höchstem Maße erstrebenswertes (vorläufiges) Lebensziel!

- Von der Anspannung zur Entspannung: Sucht euch einen Ausgleich zur Arbeit in Form von Sport, Entspannung und (auch ganz wichtig!) Müßiggang.

Exkurs: Burn-out – wann solltest du einen Experten fragen?

Viele sprechen, sobald sie im Stress sind, von Burn-out. Hier ist es aber wichtig, zu unterscheiden: Handelt es sich um ein kurzfristiges Leistungstief oder bist du wirklich dauerhaft geistig und körperlich erschöpft?

Ein echtes Burn-out-Syndrom entwickelt sich meistens über mehrere Jahre. Es gilt nicht als Krankheit, sondern als Problem der Lebensbewältigung. Betroffene fühlen sich ausgebrannt und leer, der Akku ist leer, und sie haben häufig keine Kraft mehr für alltägliche Tätigkeiten geschweige denn für die Arbeit.

Weitere Symptome sind Konzentrationsschwäche, Schlafstörungen, Kopfschmerzen und Ruhelosigkeit. Häufig sind Burn-out-Patienten auch gereizt, hinterfragen die Sinnhaftigkeit ihres Tuns und sind dauerhaft unzufrieden mit ihrem Leben. Es treten depressive Symptome auf, und sie fühlen sich niedergeschlagen und lustlos. Sogar Selbstmordgedanken können die Folge sein.

Wenn du diese Symptome über längere Zeit hinweg an dir beobachtest, solltest du als Erstes deinen Hausarzt aufsuchen – und zwar bevor du im Internet alles Mögliche über Burn-out liest und dich in eine Panik hineinsteigerst. Ein Arzt kann deine Situation fachmännisch betrachten, die Ursachen für deine Beschwerden abklären und dich gegebenenfalls an weitere Experten wie Psychotherapeuten oder Psychiater überweisen. Insbesondere bei körperlichen Beschwerden solltest du schnell einen Experten konsultieren!

- Sich wirklich Zeit nehmen: Pflegt eure Beziehungen und vergesst nicht, euch auch den genüsslichen Dingen des Lebens zu widmen.

- Total abschalten: Legt täglich Pausen ein und plant am Jahresanfang den gesamten Jahresurlaub (und lasst probeweise eure Smartphones zu Hause).

- Reflektieren: Überdenkt euer Handeln, Denken und Fühlen – und nehmt euch dafür einen Coach, wenn es euch alleine zu schwerfällt.

Fazit

Was dich stresst und was nicht, entscheidest – meistens – du. Auf jeden Fall bist du Stress nicht hilflos ausgeliefert, sondern kannst aktiv etwas dagegen tun: durch Entspannung und Ausgleich, gutes Selbstmanagement und die richtige Einstellung. So bleibst du gelassen – auch in hektischen Zeiten!

8.

Back to the future – jetzt geht's los!

Der schwierigste Teil des Selbstmanagements fängt an, wenn du dieses Buch aus der Hand legst: Dann geht es nämlich darum, dauerhaft am Ball zu bleiben. Selbstmanagement ist nicht wie Fahrradfahren: Einmal gelernt und für immer und ewig im Repertoire. Nein, um dein Leben langfristig gut zu managen, musst du immer wieder darüber nachdenken, was du willst, was deine Ziele sind und wie du sie erreichen kannst. Das ist ein Prozess, der nie aufhört – es sei denn, du willst dein Leben nicht eigenständig lenken.

Erfolgreiches Selbstmanagement besteht aus unterschiedlichen Elementen: Angefangen bei der übergeordneten Vision, die dich leitet, über die Strategie, mit der du diese Vision verfolgst, bis hin zum alltäglichen Leben, das du nach deiner Strategie ausrichtest. Stolperfallen gibt es da genug: Du kannst das große Ganze aus dem Blick verlieren, am Ziel vorbeischießen oder es einfach nicht schaffen, deinen Alltag so zu gestalten, dass du deine Werte leben kannst. So will ich dich natürlich nicht deinem Schicksal überlassen! Deswegen findest du in diesem Kapitel noch ein paar Hinweise, wie du Herr (oder Frau) deines Selbstmanagements bleibst – trotz aller Hindernisse.

Auch wenn's schwerfällt: Bleib dran!

Du kommst deinen langfristigen Zielen näher, wenn du Woche für Woche und Tag für Tag dein Verhalten nach ihnen ausrichtest. In der Theorie zumindest funktioniert das so. Doch der Alltag mit all seinen Gewohnheiten holt dich schneller ein, als du denkst. Nach der Phase der Erkenntnis kommt die Umsetzung – und die hat es noch mal in sich!

Du kannst dein Selbstmanagement mit den vielen (operativen) Tricks optimieren, die du in diesem Buch kennengelernt hast: Ordnung auf dem Schreibtisch, dem Desktop und im E-Mail-Eingang, Prioritätensetzung, Netzwerkpflege, erfolgreiche Kommunikation im Team und ein Stressmanagement, das wirklich hilft. Einige Techniken hast du vielleicht vorher schon intuitiv angewendet, andere willst du jetzt neu in deinen Alltag integrieren. Wenn das so ist, kommst du nicht daran vorbei, dich von alten Gewohnheiten zu verabschieden, die du dir bis heute zu eigen gemacht hast – und das kann ein harter Weg sein.

Hast du schon mal versucht, dir ein Sixpack anzutrainieren? Wenn du nicht genetisch mit einem Körper wie David Beckham gesegnet bist, weißt du, wie schwer das ist: Man muss ziemlich viel Zeit und Kraft investieren, bis sich erste Erfolge zeigen. Mit dem Ändern von Verhalten ist es ganz ähnlich: Du musst die neuen Gewohnheiten regelmäßig trainieren, um sie zu verinnerlichen – und zwar mindestens 60-mal. Das heißt, es dauert ungefähr 30 Tage, bis das neue Verhalten wirklich sitzt.

Das kommt dir unrealistisch vor? Du denkst, es kann nicht so schwer sein, sich an eine neue Struktur im E-Mail-Eingang zu halten? Ja, im Moment mag dir das ganz einfach erscheinen – aber im Moment bist du auch noch in der Honeymoon-Phase. Du bist hoch motiviert, all die Tipps umzusetzen, die du jetzt gelesen hast. Alles erscheint dir absolut sinnvoll und machbar. Das ist es auch, aber ich verspreche dir: Es wird Tage geben, da wird dir das nicht mehr so vorkommen. Und diese Tage werden nicht einzeln auftreten, sondern sehr geballt: Nach etwa zehn Tagen beginnt nämlich die *Krise*.

So durchstehst du die Krise

Die neuen Verhaltensweisen sind noch nicht gefestigt, die Motivation sinkt – da ist die Gefahr besonders groß, in alte Muster zurückzufallen. Die neuen sind dir dann zu umständlich, du hast keine Lust darauf oder denkst schlichtweg nicht daran. In dieser Phase heißt es: durchhalten! Mit den folgenden Tricks gelingt dir das bestimmt.

Schaffe Rituale

Überlege dir, wie du deine neuen Gewohnheiten mit deinem Alltag verbinden kannst. Wenn du zum Beispiel nur noch dreimal am Tag deine E-Mails checken willst, such dir dafür Zeitpunkte, die sinnvoll in deinen Tagesablauf integriert sind: morgens direkt nach dem Ankommen im Büro, in der halben Stunde vor der Mittagspause und beim letzten Kaffee vor dem Feierabend. Hier wirst du vielleicht ein bisschen experimentieren müssen, welche Rituale für dich passen – aber hast du sie erst mal gefunden, fällt es dir ganz leicht, dich neu zu organisieren.

Setze dir Anker

Damit du immer wieder an die neuen Techniken erinnert wirst, kannst du dir visuelle Anker setzen. Das sind Bilder, Sprüche oder Symbole, die für dich eine neue Verhaltensweise repräsentieren und dich immer wieder daran erinnern, wenn dein Blick sie streift. Damit verankerst du sie im wahrsten Sinne des Wortes in deinem Gehirn. Für mich ist dieser beschriftete Holzklotz der Anker, der mich immer wieder daran erinnert, für was ich mehr Zeit haben möchte.

Mache Erfolge sichtbar

Markiere jeden Tag, an dem du deine neue Gewohnheit erfolgreich umgesetzt hast, in deinem Kalender. Du wirst einen kindlichen Ehrgeiz daraus entwickeln, immer mehr Tage abzuhaken – das ist ein bisschen wie das Sternchensammeln für gute Mitarbeit in der Grundschule: Hat man erst mal eins oder zwei geschafft, will man immer mehr.

Belohne dich

Immer wenn du erfolgreich das neue Verhalten eingesetzt hast, solltest du dich belohnen. Du hast heute deine (einzige) To-do-Liste gepflegt und der Versuchung widerstanden, deine Aufgaben auf lauter verschiedene Zettel zu schreiben? Du hast in dieser Woche dafür gesorgt, dass du dir Ausgleich zum Bürojob schaffst, warst zweimal im Fitnessstudio oder hast dich endlich für den Sprachkurs angemeldet, den du schon so lange machen wolltest? Oder ist es dir gelungen, den ganzen Vormittag deinen Facebook-Newsfeed zu ignorieren? Wunderbar, dann hast du den Schokopudding zum Nachtisch, einen leckeren Kaffee oder den Kinoabend wirklich verdient.

Tu es!

Disziplin kann man leider noch nicht impfen. Manchmal hilft nichts anderes, als sich einfach zusammenzureißen und Dinge durchzuziehen. Du kannst das!

Suche dir ein Publikum

Erzähle anderen, was du verändern willst. Die soziale Kontrolle, und sei sie auch nur gefühlt, wirkt wahre Wunder: Natürlich willst du nach zwei Wochen berichten, wie super alles funktioniert und was für tolle Fortschritte du gemacht hast – oder etwa nicht?

Und dann hast du es geschafft!

Hast du die Krise einmal durchgestanden, wirst du ungefähr ab Tag 30 feststellen: Deine neuen Gewohnheiten haben sich gefestigt. Das Aufräumen deines Schreibtischs ist zur Routine geworden, du priorisierst neue Aufgaben automatisch und regst dich nicht mal ansatzweise auf, wenn der Kollege aus dem Nebenbüro mal wieder den ganzen Tag in der Teeküche verbringt. Wenn all das automatisch abläuft, dann hast du es geschafft: Du hast dein Verhalten geändert und dich auf der operativen Ebene so aufgestellt, dass du deine langfristige Strategie verfolgen kannst.

Herzlichen Glückwunsch! Natürlich wirst du nicht drum herum kommen, auch deine Strategie immer wieder zu überprüfen – dazu gleich noch mehr.

Vorab möchte ich dir aber nicht vorenthalten, was die Experten, die in diesem Buch zu Wort gekommen sind, mir »abseits des Protokolls« noch erzählt haben. Du wirst sehen: Ziele ändern sich, Visionen entstehen mit Gelegenheiten, die sich auftun. Manchmal erkennt man zu spät, welchen Nutzen so etwas wie Netzwerken hat – dann ist man hinterher schlauer. Oder man verzettelt sich in seiner eigenen Organisation, weil man es übereifrig vielleicht übertreibt. Bei allen, mit denen ich gesprochen habe, brauchte es eine Zeit, bis sie für sich die richtigen Strategien gefunden haben – so wie es bei dir auch sein wird. Dazu kommt, dass deine Handlungsspielräume auch davon abhängig sind, in welchem Umfeld du tätig bist. Bleib am Ball, gib nicht vorschnell auf und such dir Unterstützer und Vorbilder – denn wie so oft gilt auch hier: Kommunikation hilft, mindestens so gut wie ein schlauer Ratgeber.

Behind the Scenes:
Von Erfolgen, Misserfolgen und anderen Erfahrungen

»Vor zwei Jahren hätte ich mir nicht vorstellen können, selbstständig zu sein. Aber dann habe ich die Chance ergriffen, die sich plötzlich auftat – und bin heute sehr zufrieden mit meiner Entscheidung.«

»Herausforderungen find ich super, weil sie mich im wahrsten Sinne herausfordern. Aber manchmal muss ich auch erst ein bisschen Mut sammeln und Anlauf nehmen, ehe ich ihnen gegenübertrete.«

»Meine erste Mailablage habe ich selbst schnell gesprengt. Es war einfach zu viel Aufwand, sie zu pflegen! Klar solltest du aufräumen, aber das sollte auch nicht zu viel Zeit kosten.«

»Ich bin bestimmt nicht die ordentlichste Person – und doch lerne ich immer mehr, dass es Sinn macht, Ordnung zu halten.«

»Den Sinn von Netzwerken habe ich leider erst spät verstanden. Jetzt ärgere ich mich, dass ich manche Kontakte nicht gepflegt habe.«

»Das ist paradox: Die Qualität meines Zeitmanagements ist total abhängig von der Zeit, die ich dafür hab. Wenn ich genug Zeit habe, kann ich gut und strukturiert planen – aber das musste ich auch erst mal lernen.«

»Klar konnte ich mich schon vor dem Job zeitlich organisieren und Prioritäten setzen – aber erst im Job trainiert man es täglich, denn ohne ist man dann echt aufgeschmissen.«

»Man sollte nicht nur Ratgeber zu den Themen lesen, sondern sich auch Vorbilder suchen. So habe ich (erfolgreiche) Leute kontaktiert, um von ihnen zu erfahren, wie sie Job, Family, Freizeit etc. so gut auf die Reihe kriegen. Das gibt mir zusätzliche Impulse und spornt mich an.«

»Am Anfang meiner Selbstständigkeit hatte ich das Ziel, nach acht Monaten davon leben zu können. Als die acht Monate vorbei waren, hatte ich das Ziel noch nicht ganz erreicht. Trotzdem bin ich dabeigeblieben, weil die Tendenz stimmt und ich viele andere Dinge gewonnen habe, die vorher gar nicht so abzusehen waren.«

»In unserer Branche gibt es viele Freiheiten und Möglichkeiten. Neulinge werden davon meistens total geflasht und sind hoch motiviert. Mir selbst ging es am Anfang auch so – aber diese absolute Strukturlosigkeit hat auch oft zu Enttäuschungen geführt.«

»Am schwierigsten fand ich immer, mich an meine schriftlich ausgearbeiteten Zeitpläne zu halten. Ich musste lange experimentieren, um für mich ein geeignetes System zu finden, das sich nicht zu sehr wie ein Zeitkorsett anfühlte. Sobald ich mich innerhalb zu starrer Zeitvorgaben bewegen muss, verspüre ich den Drang auszubrechen, und dann verliere ich die Lust an meinem Vorhaben.«

»Als ich mich entschieden habe, eine Weiterbildung zu machen, habe ich das mit meinem Chef besprochen. Für ihn war das überhaupt kein Problem. Er kann sich auf mich verlassen und weiß, dass ich gut organisiert bin – sodass ich für die Zeit der Fortbildung freitags freihabe.«

Dein persönliches Strategiemeeting

Auch wenn es irgendwann operativ gut läuft: Du solltest immer wieder checken, ob dein Alltag zu deiner Strategie passt. Sonst organisierst du dich womöglich großartig, aber am Ziel vorbei. Warum berufst du also nicht wie die Manager großer Konzerne regelmäßig ein Strategiemeeting ein – mit dir selbst?

In Unternehmen gibt es ganze Abteilungen, die sich mit Controlling beschäftigen und regelmäßig an die Manager berichten. Die nehmen diese Zahlen dann mit in jährliche Meetings, in denen überprüft wird, ob das tägliche Tun mit der Strategie zusammenpasst und beides langfristig das Mission Statement erfüllen kann.

Wenn du dich selbst erfolgreich managen willst, solltest du ebenso regelmäßig überprüfen, ob du noch auf Kurs bist. Am besten geht das, das wissen die Konzernmanager nur zu gut, in einer schönen Umgebung und weit weg vom Alltag.

Sorge für den richtigen Rahmen!

Mindestens einmal im Jahr solltest du dir für dein persönliches Strategiemeeting ein paar Stunden Zeit nehmen. Noch besser: einen ganzen Tag. Vielleicht kannst du es mit einem schönen Wochenendtrip oder einem Urlaub verbinden – ein Ortswechsel kann besonders inspirierend wirken. Vor allem gedanklich solltest du möglichst weit weg sein: Beam dich raus aus dem Alltagsleben! Zieh dich ganz bewusst zurück, zelebriere diese Auszeit, gönn dir leckeren Tee, Schokolade und Kekse (oder was du sonst brauchst, um dich selbst zu verwöhnen) und mach deiner Umgebung deutlich: Das ist mein Tag, bitte stör mich nicht. Nur wenn du nicht mitten im Alltagstrubel steckst, kannst du ganz in Ruhe und aus der Vogelperspektive auf dein Leben schauen.

Wenn du es professioneller willst: Gönn dir ein Coaching. Ein Coach kann dich mit seinen Methoden auf besondere Weise dabei unterstützen, deine Strategie zu überprüfen und neue Ziele zu entwickeln. Außerdem ist er oder sie ganz unabhängig und in keiner Weise mit dir und deinem Leben verbandelt. Das sind also beste Voraussetzungen für ein objektives Hinterfragen. Der einzige Nachteil: Ganz günstig ist es nicht– aber es lohnt sich, das kann ich dir versprechen!

Wenn dir ein Coaching zu teuer ist, kannst du auch eine gute Freundin oder deine/n Partner/in nach Unterstützung fragen. Wichtig ist, dass du der Person hundertprozentig vertraust, sie dich gut kennt und dir ein ehrliches Feedback geben kann.

Ob allein oder mit anderen: Außer deinem Kopf brauchst du nicht viel für dein Meeting: Ein paar Zettel, einen Stift (oder mehrere, wenn du es gern bunt hast), deinen Kalender und alles, was du bisher zu deiner Vision und deinen Zielen erarbeitet hast. Und dann geht es auch schon los!

Stell dir selbst die richtigen Fragen!

Um deine Strategie zu prüfen und dich für die kommenden Monate gut aufzustellen, solltest du dir selbst die folgenden Fragen beantworten. Achtung: Hier geht es um dich und dein Leben, also sei wirklich absolut ehrlich! Dir ist nicht geholfen, wenn du dir aus Bequemlichkeit was vormachst.

Ist das Bild von meiner Vision noch dasselbe?

Betrachte die Vision, die du in den letzten Wochen und Monaten verfolgt hast: Ist sie noch stimmig für dich? Oder haben sich deine Werte grundlegend verändert? Das kann durchaus mal passieren, besonders, wenn du neue Erfahrungen gesammelt hast oder dir einschneidende Erlebnisse widerfahren sind. Am Anfang eines jeden Strategiemeetings solltest du also prüfen, ob deine Vision noch passt. Ist das nicht der Fall, ist das eine wichtige Erkenntnis. Dann brauchst du nämlich auch eine ganz neue Strategie.

Rückblick: Wie ist es in den letzten Monaten gelaufen?

Nachdem du deine Vision gecheckt hast, schaust du dir an, was sich in den letzten Monaten in deinem Leben getan hat: Welche Ziele hast du erreicht? Welche Strategie hat sich als sinnvoll und gut erwiesen? Kommst du tagtäglich deinen Zielen näher? Und wo solltest du noch einmal nachjustieren? Wie würden deine Stakeholder das letzte Jahr beurteilen, aus ihrer ganz egoistischen Sichtweise? Wie zufrieden bist du selbst?

Ausblick: Welche Ziele willst du in den nächsten Monaten erreichen?

Nach der Analyse der Vergangenheit folgt der Blick in die Zukunft: Was nimmst du dir für die nächsten Wochen und Monate vor? Welche Ziele setzt du dir, und wie willst du sie verfolgen? Welche Stakeholder musst du berücksichtigen, und was fordern die von dir? Manche Antworten fallen dir sicher leicht, andere müssen vielleicht etwas länger reifen. Habe Geduld mit dir selbst! Außerdem: Wer sagt, dass du die Antworten schriftlich ausformulieren musst? Vielleicht findest du die eine oder andere Antwort eher, wenn du sie malst. Dabei kommt es ja nicht darauf an, ein besonders schönes Bild zu malen, sondern die Gedanken in deinem Kopf zu sortieren. Und Bilder können dabei helfen. Eine weitere Methode, die du in diesem Buch schon kennengelernt hast, ist das Schreibdenken – auch dabei geht es nicht um formvollendete, druckreife Texte, sondern um die Klarheit über die Gedanken zu einer Frage. Sei kreativ, schließlich ist es dein Meeting, und du kannst es gestalten, wie es dir gefällt!

Und zum Schluss: Der Action-Plan!

Wenn du deine Antworten gefunden hast und weißt, wie die Strategie für die kommende Zeit aussehen soll, brauchst du einen Action-Plan: Was wirst du ganz konkret und im Alltag tun, um deinen Zielen gerecht zu werden? Dieser Teil ist nicht ganz unwesentlich: Nur mit einem guten Action-Plan und SMARTen Zielen (die kennst du schon aus Kapitel drei) wirst du deine liebevoll entwickelte Strategie auch umsetzen können – und das erfordert im Zweifelsfall Verhaltensänderungen, Geduld und Disziplin, wie du im ersten Teil des Kapitels erfahren hast.

Fazit

Klar ist: Selbstmanagement ist ein Prozess. Du musst dein Verhalten anpassen und dich immer wieder selbst reflektieren und Ziele und Strategie hinterfragen. Tust du es nicht, plätschert dein Leben ziellos vor sich hin. Nutzt du aber die Tricks, kannst du das Beste rausholen: nicht nur aus deiner Karriere, sondern aus deinem ganzen Leben – schließlich hast du nur das eine.

Toi toi toi!

Jetzt geht es aber wirklich los. Jetzt bist du an der Reihe, dein ganz eigener Feelgood-Manager zu werden. Für den Weg, der vor dir liegt, wünsche ich dir viel Erfolg, Energie und vor allem: Spaß! Selbstmanagement bedeutet Arbeit, aber es ermöglicht dir auch, dein Leben so zu gestalten, dass es dich wirklich erfüllt und glücklich macht. Mit einem guten Selbstmanagement bleibt der Spaß sicher nicht auf der Strecke, ganz im Gegenteil!

Natürlich interessiert es mich, welche Erfahrungen du mit meinen Tipps machst und welche davon dich auf deinem Weg voranbringen. Also zögere nicht, mich zu kontaktieren unter: *isabelle@ get-organized.de* – mein Wunsch ist es, dass du wirklich das Beste aus dem Paket »Get Organized« ziehst.

Also: Alles Gute und bis bald!
Deine Isabelle Pfister

Anhang

Über die Autorin und die Experten

Die Autorin

Isabelle Pfister, *1985, ist Diplom-Psychologin und ausgebildeter Coach. In ihrer täglichen Arbeit widmet sie sich als Coach, Trainerin und Beraterin der Gestaltung und Verbesserung von Arbeitswelten. Konkret heißt das: In ihren Workshops trainieren die Teilnehmer Kompetenzen wie Kommunikation, Rhetorik, Teamarbeit und Selbstmanagement; im Coaching unterstützt sie Einzelpersonen dabei, ihre Ziele zu reflektieren, sich beruflich zu orientieren oder ihr Leben selbstbestimmter zu gestalten. Isabelles Ziel: Menschen sollen Spaß bei der Arbeit haben und einen Sinn in dem sehen, was sie tun. Ihre fachlichen Schwerpunkte sind dabei Arbeits- und Organisationspsychologie und Kommunikationspsychologie nach Prof. Schulz von Thun. Isabelle lebt mit ihrem Mann in Hamburg.

Die Experten

Johanna Ludwig, *1983, studierte interkulturelle Kommunikation und Deutsch als Fremdsprache an der Universität des Saarlandes und in Québec. Vor ihrer Elternzeit war sie als wissenschaftliche Mitarbeiterin an der Hochschule für Angewandte Wissenschaften Hamburg tätig und führte interkulturelle Trainings und Bewerbungsmappenchecks für internationale Studierende sowie Studierende mit Migrationshintergrund durch. Im Praxisprogramm »Fishing for Experience« begleitete sie Studierendengruppen beim interdisziplinären Projektmanagement für Unternehmen in Hamburg.

Thorsten Visbal ist seit 1999 als Coach, Berater und Trainer im Einsatz. Als Sparringspartner begleitet er insbesondere wachsende Unternehmen und formt aus Mitarbeitern wirksame Teams. In seinen beiden Büchern *Ich hasse Teams* und *Die Teambibel* finden sich praxisnahe Tipps und Werkzeuge für die alltäglichen Herausforderungen der Teamarbeit. Als Ausbildungsleiter hat er seine Expertise an Berater und Trainer weitergegeben und tut dieses nun im Rahmen von TeamworksPLUS – der Ausbildung für Teamgestalter.

Birgit Berndt, *1975. Birgit macht das, was sie macht, aus Leidenschaft: Menschen motivieren und inspirieren. Und zwar in ihrer Eigenschaft als Trainerin, Dozentin und Coach. Ihre Ausbildungskombination Diplom-Psychologie und Kommunikationsdesign befähigt sie in besonderem Maße zu konzeptionellem Arbeiten und kreativem Querdenken. Sie arbeitet wissenschaftlich fundiert, praxisorientiert und einfühlsam mit Einzelpersonen und Gruppen.

Henrik Zaborowski, *1972, ist seit Ende seines Studiums im Jahr 2000 in der Recruitingwelt zu Hause. Nach mehreren Stationen als freiberuflicher und angestellter Personalberater sowie Inhouse Recruiter ist er seit Ende 2013 als Recruitingcoach und Interim Recruiter selbstständig. Er ist anerkannter Social-Recruiting-Experte, Keynote Speaker und Coautor diverser Karriere- und Recruitingpublikationen und bloggt auf *www.hzaborowski.de.*

Timm Kuhlmann, *1985, ist Gründer des Beratungsunternehmens *»Die Talent-Werker«*. Er hilft seinen Kunden tagtäglich dabei, passende Mitarbeiter für ihre Unternehmen zu finden und zu binden. Dabei ist die Zielsetzung der »Talent-Werker« neben der fachlichen vor allem die menschliche Passung der neuen Mitarbeiter zum Unternehmen, zum Fachvorgesetzten und ins Mitarbeiterteam. Sonst arbeitet er an vielen Projekten zum Thema »New Work« wie z.b. »Augenhöhe« oder der Etablierung von BarCamps in Ostwestfalen-Lippe.

Katrin Oberpriller, *1985. Während ihres Psychologiestudiums arbeitete Katrin als Trainerin und Seelsorgerin und erkannte die Schwierigkeiten vieler Menschen mit Veränderungen. Heute betreut sie bei der Unternehmensberatung synetz-change consulting die Bereiche interkulturelle Kommunikation, Konflikt- und Change Management. Mit Change.Q™ entwickelte sie mit Kollegen ein Verfahren zur Erfassung unternehmensinterner Faktoren, die Veränderungen fördern bzw. behindern. Derzeitiger Schwerpunkt ist die Beratung von Start-ups am Ende der Pionierphase.

Volker Davids, *1981, studierte Personalmanagement und Marketing. Nach seinem Berufseinstieg und ersten Coachings in der Weiterbildung wechselte er 2011 in ein internationales Unternehmen, wo er Fach- & Führungskräfte rekrutierte. Mittlerweile ist Volker Personalreferent in einem großen deutschen Bauunternehmen und widmet sich weiterhin dem Coaching. Volkers Vision: In Menschen, Teams und Organisationen steckt enormes Potenzial. Dieses gilt es zu entfalten, damit sich auch die (Arbeits) WELT von Morgen entwickeln kann.

Anna Deluweit, *1984. Anna studierte Psychologie an der Uni Bremen. Ihre Diplomarbeit schrieb sie beim Hamburger Traditionsunternehmen Montblanc. Anschließend beschäftigte sie sich dort als Personalreferentin konzeptionell und operativ mit den Themen Recruiting, Personalstrategie und Personalentwicklung. Nach der Elternzeit mit dem ersten Kind verantwortet Anna heute das *Studium personale* an der Bucerius Law School. Der Bereich bündelt Angebote für die Studierenden zum Thema Persönlichkeitsentwicklung. Inzwischen hat Anna zwei Kinder.

Nina Schwartz, *1985. Nina spezialisierte sich in ihrem Studium auf Arbeits- und Organisationspsychologie. Schon als Studentin war sie als freie Beraterin unterwegs und entwickelte für mittelständische Unternehmen Instrumente für die Personalauswahl und -entwicklung. Nach dem Studium entschied sie sich für einen Einstieg im HR Management eines global aufgestellten Konsumgüterunternehmens. In ihrer Rolle als Personalreferentin ist sie u.a. zuständig für strategische Organisationsentwicklung, Change Management und Mitarbeiterkommunikation.

Julia Henker, *1985. Geboren und aufgewachsen in Hamburg. Nach einem Auslandsaufenthalt in England als Au-pair spezialisierte sie sich im BWL-Studium auf Marketing und Personalwirtschaftslehre. Letzteres gefiel ihr so sehr, dass sie ihren Jobeinstieg in einem Start-up in der Personalvermittlungsbranche fand. Seit nun fast drei Jahren ist sie bei PARSHIP für sämtliche Recruitment- und Personalentwicklungsthemen zuständig.

Gudrun Neuper, *1964. Bringt Organisationen/Unternehmen und Personen zusammen, sodass es für alle Seiten ein gelungenes Ergebnis ist. Fähigkeiten & Talente jedes einzelnen Menschen schätzt sie wert – denn die Wertschätzung sieht sie als die Grundlage eines nachhaltigen Miteinanders. Engagement und Business verbindet Gudrun Neuper in ihren Aktivitäten. Die beiden Studienabschlüsse in Sozialwissenschaften und Business of Administration bilden u.a. die theoretische Grundlage für ihre Arbeit.

Links, Apps & mehr

Links

focusatwill.com	Konzentrationsfördernde Musik
noisli.com (im iTunes-Store auch als App erhältlich!)	Konzentrationsfördernde Hintergrundgeräusche
www.xing.de	Deutsches Business-Netzwerk
www.linkedin.com	Internationales Business-Netzwerk
www.pinterest.com	Hier findest du verschiedene »Desktop Organizer Backgrounds«

Apps

OneNote	Digitales Notizbuch
Pocket	Zum Speichern/Merken interessanter Websites
Toggl	Zeittracking für Projekte oder einzelne Tätigkeiten
Wunderlist	Digitale To-do-Liste

Buchtipps/Quellen

Manfred Gellert und Claus Nowak: *Teamarbeit – Teamentwicklung – Teamberatung.* Verlag Christa Limmer (2004)

Gert Kaluza: *Gelassen und sicher im Stress. Das Stresskompetenz-Buch. Stress erkennen, verstehen, bewältigen.* Springer Medizin (2012)

David G. Myers: *Psychologie.* 2. Auflage. Springer Medizin (2008)

Elke Zuchowski: *Besser ich. Von Anfang an richtig gut im Job.* Campus Verlag (2014)

Kathleen D. Vohs, Joseph P. Redden, Ryan Rahinel: »Physical Order Produces Healthy Choices, Generosity, and Conventionality, Whereas Disorder Produces Creativity«. In: *Psychological Science* 24(9), 1860–1867.

Übungsverzeichnis

Vorlagen für die Übungsblätter findest du auf *www.get-organized.de*

Kapitel 2

Kapitel 3

Kapitel 4

Kapitel 6

Kapitel 7

Register